应用型人才培养实用教材
高等职业院校机械类"十三五"规划教材

液压与气压传动技术

主　编　刘光清

副主编　张　虎　罗晓林　吴从均

　　　　郭凌岑　金　雨

参　编　马天军

U0364091

西南交通大学出版社

·成都·

图书在版编目（ＣＩＰ）数据

液压与气压传动技术 / 刘光清主编. —成都：西
南交通大学出版社，2015.11
应用型人才培养实用教材　高等职业院校机械类"十
三五"规划教材
ISBN 978-7-5643-4338-5

Ⅰ. ①液…　Ⅱ. ①刘…　Ⅲ. ①液压传动 – 高等职业教
育 – 教材②气压传动 – 高等职业教育 – 教材　Ⅳ.
①TH137②TH138

中国版本图书馆 CIP 数据核字（2015）第 242078 号

应用型人才培养实用教材
高等职业院校机械类"十三五"规划教材

液压与气压传动技术

主编　刘光清

责 任 编 辑	李　伟	
封 面 设 计	何东琳设计工作室	
出 版 发 行	西南交通大学出版社 （四川省成都市金牛区交大路 146 号）	
发 行 部 电 话	028-87600564　028-87600533	
邮 政 编 码	610031	
网　　　址	http://www.xnjdcbs.com	
印　　　刷	成都蓉军广告印务有限责任公司	
成 品 尺 寸	185 mm × 260 mm	
印　　　张	11.75	
字　　　数	290 千	
版　　　次	2015 年 11 月第 1 版	
印　　　次	2015 年 11 月第 1 次	
书　　　号	ISBN 978-7-5643-4338-5	
定　　　价	28.00 元	

课件咨询电话：028-87600533
图书如有印装质量问题　本社负责退换
版权所有　盗版必究　举报电话：028-87600562

前　言

液压与气压传动技术是机械设备实现传动与控制的关键技术之一。世界各国对液压与气压传动工业的发展都给予了高度重视。液压与气压传动技术所具有的独特的优势，使其广泛应用于国民经济和国防建设的各个领域。"液压与气压传动技术"课程已成为高等院校机械类专业的必修课程之一。

本书是按照教育部对高等职业院校机械工程类专业培养目标要求而编写的。编者以培养应用型人才为目标，本着"以应用为目的，以必需、够用为尺度"的原则，进行教学内容的设计和编写。

本书以液压与气压传动技术的基本概念、基本理论、基本方法以及工程实例为主线，阐明了液压与气动技术的基本原理、相关基本参数、典型回路及系统的组成和设计方法等；着重培养学生分析、设计液压与气动基本回路的能力，安装、调试、使用、维护液压与气动系统的能力以及诊断和排除液压与气动系统故障的能力。

本书在编写中注重"工程教育"的教学理念，力求在满足理论教学的同时更好地结合工程实践，使学生能掌握液压与气压传动技术的基本概念、基本原理和应用方法，完成工程师的基本能力训练。这是我们编写本书的指导思想和基本出发点。

为了适应工程应用型人才培养的要求，本书在编写过程中紧密结合教学大纲，融基础理论、工程实例、经典例题、经验总结、实践训练于一体，力求处理好理论与实践的关系，使教材具有实用性、系统性和先进性。

全书共分 2 个模块、12 个项目。模块 1 为液压传动，主要介绍液压流体力学的基础知识、各类液压元件的结构及工作原理、各类液压基本回路的组成及特点、液压系统的分析与设计方法以及工程实例等；模块 2 为气压传动，主要介绍气压传动的基础知识、各类气压元件的结构及工作原理、各类气压基本回路的组成及特点、气压系统的分析与设计方法以及工程实例等。

本书由南充职业技术学院机电工程系教师团队刘光清、张虎、罗晓林、郭凌岑、金雨编写，南充电子工业学校吴从均、马天军也参与了本书的编写工作。本书由刘光清主编，并由刘光清统稿、策划、组织编写。其中刘光清负责项目 1、5、9 的编写，张虎负责项目 7 的编写，罗晓林负责项目 3、4 的编写，吴从均负责项目 6 的编写，郭凌岑负责项目 2 的编写，金雨负责项目 8、10、11、12 的编写，马天军参与了项目 10、11、12 的部分编写工作。

在本书编写过程中得到了西南交通大学出版社、兄弟院校等单位的热心帮助和指导，在此谨向在本书编写过程中给予帮助的同志表示衷心的感谢。

由于编者水平有限，书中难免有不足和疏漏之处，敬请读者批评指正。

编　者
2015 年 4 月

目　　录

模块 1　液压传动

项目 1　液压传动概论

　　用液体作为工作介质来实现能量传递的传动方式称为液体传动。液体传动按工作原理的不同分为液力传动和液压传动。前者主要是以液体的动力能来传递、转换和控制力的传动方式（如离心泵、液力变矩器），后者主要是以液体的压力能进行运动和动力传递的传动方式。与机械传动相比，液压传动具有许多优点，在机械工程中有着广泛应用。液压传动是本书所要讨论的内容。

1.1　液压传动的工作原理

　　图 1-1 为液压千斤顶的原理示意图，我们可以用它说明液压传动的工作原理。图中大小两个液压缸 6 和 3 的内部分别装有活塞 7 和 2,活塞和缸体之间保持一种良好的配合关系，不仅活塞能在缸内滑动，而且配合面之间又能实现可靠的密封。当用手向上提起杠杆 1 时，小活塞 2 就被带动上升，于是小缸体 3 的下腔密封容积增大，腔内压力下降，形成部分真空，这时单向阀 5 将所在的通路关闭，油箱 10 中的油液就在大气压力的作用下推开单向阀 4 沿吸油孔道进入小缸体的下腔，完成一次吸油动作。接着，压下杠杆 1，小活塞 2 下移，小缸体 3 下腔的密封容积减小，腔内压力升高，这时单向阀 4 自动关闭了油液流回油箱的通路，小缸体 3 下腔的压力油就推开单向阀 5 挤入大缸体 6 的下腔，推动大活塞 7 将重物 8（重力为 G）向上顶起一段距离。如此反复地提压杠杆 1，就可以使重物不断升起，达到起重的目的。

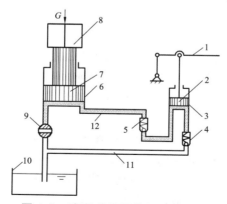

图 1-1　液压千斤顶的工作原理图

1—杠杆；2—小活塞；3—小缸体；4，5—单向阀；6—大缸体；7—大活塞；
8—重物；9—卸油阀；10—油箱；11—吸油管路；12—压油管路

　　若将卸油阀 9 旋转 90°，大缸体中的油液在重力 G 的作用下流回油箱，大活塞 7 下降恢复到原位。

　　通过对液压千斤顶工作过程的分析可知，液压传动的原理是以油液为工作介质，依靠密封容积的变化来传递运动，依靠油液内部的压力来传递动力。液压传动装置本质上是一种能量转换装置，它先将机械能转换为便于输送的液压能，然后又将液压能转换为机械能做功。

1.2　液压传动系统的组成

　　图 1-2 为一台简化了的磨床工作台液压传动系统。我们可以通过它进一步了解一般液压传动系统应具备的基本性能和组成情况。

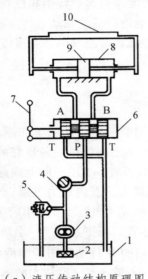

（a）液压传动结构原理图　　　　　　（b）液压传动系统符号原理图

图 1-2　磨床工作台液压系统原理图

1—油箱；2—过滤器；3—液压泵；4—节流阀；5—溢流阀；6—换向阀；7—手柄；
8—液压缸；9—活塞；10—工作台；P，A，B，T—各油口

　　该液压传动系统的功能是推动磨床工作台实现往复直线运动，其工作过程如下：

　　（1）工作台向右直线运动：电动机（图中未画出）带动液压泵 3 工作，从油箱 1 中吸入压力油，经过过滤器 2 进入油管，由节流阀 4 进入换向阀 6。当手柄 7 向右推时，阀芯向右移，使油液进入液压缸 8 的左腔，推动活塞 9 向右移动，同时带动工作台 10 向右直线运动。系统中油液流动情况如下：

　　进油路：油箱 1→过滤器 2→液压泵 3→节流阀 4→手动换向阀 6（P→A）→液压缸 8 左腔。

　　回油路：液压缸 8 右腔→手动换向阀 6（B→T）→油箱 1。

　　（2）工作台向左直线运动：由于工作台运动方向需要变化，当手柄 7 向左拉时，换向阀 6 的阀芯相对于阀体位置改变，油液通道发生变化，于是液压泵 3 从油箱 1 中吸入的液压油，经进油路进入液压缸 8 的右腔，推动活塞 9 向左移动，带动工作台 10 向左直线运动。系统中油液流动情况如下：

进油路：油箱 1→过滤器 2→液压泵 3→节流阀 4→手动换向阀 6（P→B）→液压缸 8 右腔。

回油路：液压缸 8 左腔→手动换向阀 6（A→T）→油箱 1。

（3）工作台处于停止状态：当换向阀 6 阀芯相对于阀体处于中位时，如图 1-2（a）所示位置，这时由液压泵 3 输出的压力油经溢流阀 5，沿回油管直接流回油箱 1。

磨床工作时，除了要求工作台能够往复运动，还要根据不同的加工要求，使工作台的往复运动速度能够调节。通过改变节流阀 4 的开口大小，来控制通过节流阀的流量，从而控制进入液压缸的流量，使其控制工作台运动速度的快慢，即液压缸的运动速度取决于节流阀的输入流量。

工作台移动时，要克服各种负载（如切削力、摩擦力等）。因为工件材料不同、切削用量不同，其负载大小也不同，因此，液压缸必须有足够大的推力来克服工作负载。液压缸的推力是由油液压力产生的，其负载越大，所需推力就越大，工作压力也就越高，即工作压力的高低直接取决于负载的大小。同时根据负载的不同，系统提供的油液压力可以调整，通过调整溢流阀 5 的弹簧压紧力来控制油液的压力，压紧力越大，油液压力越大；反之则越小。油液的压力值可以通过压力计来观察，当系统压力达到溢流阀的调整压力时，溢流阀溢流，系统的压力维持在溢流阀的调定值上，油液压力不再升高。

综上所述，液压传动系统是以液压油为工作介质来实现各种机械传动和控制的。其压力和流量是液压系统的两个重要参数，液压系统的工作压力取决于负载，液压缸的运动速度取决于流量。

从上述例子可以看出，液压传动系统有以下 5 个部分组成：

（1）动力元件。动力元件即液压泵，它将电动机输入的机械能转换成为流体介质的压力能。其作用是为液压系统提供压力油，是系统的动力源。

（2）执行元件。执行元件是指液压缸或液压马达，它是将液压能转换为机械能的装置。其作用是在压力油的推动下输出力和速度（或力矩和转矩），以驱动工作部件。

（3）控制元件。控制元件包括各种阀类，如上述例子中的溢流阀、节流阀、换向阀等。其作用是用以控制液压系统中油液的压力、流量、流动方向，以保证执行元件完成预期的工作。

（4）辅助元件。辅助元件包括油箱、油管、过滤器以及各种指示器和控制仪表。其作用是提供必要的条件，使系统得以正常工作和便于监测控制。

（5）工作介质。工作介质即传动液体，通常称之为液压油。液压系统通过其实现运动和动力传递。

液压系统图的表示方法有两种：一种是结构原理图，这种图直观性强，容易理解，但绘制起来比较麻烦，很少采用；另外一种是按 GB/T 786.1—2009 中所规定的图形符号来绘制的原理图，如图 1-2（b）所示，这种图形简单、清晰且容易绘制，使用广泛。

我国制定的液压气动图形符号标准为 GB/T 786.1—2009，该标准对液压元件的图形符号作了以下规定和说明：

① 标准规定的液压元件图形符号，主要用于绘制以液压油为工作介质的液压系统原理图。

② 液压元件的图形符号用元件的静态或零位来表示。当组成系统的动作另有说明时，可作例外。

③ 在液压传动系统中，液压元件若无法采用图形符号表达时，允许采用结构简图表示。

④ 液压元件符号只表示元件的职能和连接系统的通路，不表示元件的具体结构和参数，也不表示系统管路的具体位置和元件的安装位置。

⑤ 元件的图形符号在传动系统中的布置，除有方向性的元件符号（油箱和仪表等）外，可根据具体情况水平或垂直绘制。

⑥ 液压元件的名称、型号和参数（如压力、流量、功率和管径等）一般应在系统图的元件表中标明，必要时可标注在元件符号旁边。

⑦ 标准中未规定的图形符号，可根据标准的原则和所列图例的规律性进行派生。当无法直接引用和派生时，或有必要特别说明系统中某一重要元件的结构及动作原理时，均允许局部采用结构简图表示。

⑧ 元件符号的大小以清晰、美观为原则，根据图样幅面的大小酌情处理，但应保证图形符号本身的比例。

1.3   液压传动的优缺点及应用

1.3.1   液压传动的优缺点

液压传动与机械传动、电气传动相比主要有以下优点：

（1）体积小，输出力大。通过液压泵很容易得到 20~30 MPa 的液压油，把液压油送入液压缸后即可产生很大的输出力。

（2）不会有过载的危险。液压系统中溢流阀本身的特性很容易实现过载保护，能够自动防止事故的发生。

（3）输出力容易调整。

（4）速度容易调整。通过使用流量调节阀来调节流量，就可以实现对运动部件的无级调速。

（5）易于自动化。液压系统中液体的压力、流量和方向容易控制，可通过电气装置方便地实现复杂的自动工作过程控制和远程控制。

液压传动的主要缺点如下：

（1）接管不良造成液压油外泄，它除了会污染工作场所外，还有引起火灾的危险。

（2）油温上升时，黏度降低；油温下降时，黏度升高。油的黏度发生变化时，流量也会随之改变，造成速度不稳定。

（3）系统将马达的机械能转换成液体的压力能，再把液体的压力能转换成机械能来做功，能量经两次转换损失较大，能源使用效率比传统机械低。

（4）液压系统大量使用各种控制阀、接头及管子，为了防止泄漏损耗，元件的加工精度要求较高。

1.3.2   液压传动的应用和发展

1654 年，法国科学家帕斯卡提出了静压传递原理。1795 年，英国制造了第一台水压机，由于技术水平低，制造工艺水平差，性能较差，因而液压传动没有得到广泛应用。1905 年，人们将传动介质由水改为油，液压传动的性能得到了极大改善。20 世纪 30 年代初，随着制造工艺水平的不断提高，液压元件性能有了很大提高，液压传动开始应用于机床领域。20

世纪 60 年代以来，随着科学技术的进步，特别是控制技术和计算机技术的发展，液压传动技术得到了快速发展和广泛应用。当前，液压传动技术正向高压、高速、大功率、高效率、低噪声、长寿命、高度集成化的方向发展。

由于液压技术有许多突出的优点，因此，从民用到国防，由一般传动到精确度很高的控制系统，液压技术都得到了广泛应用。

在国防工业中，陆、海、空三军的很多武器装备都采用了液压传动与控制，如飞机、坦克、舰艇、雷达、火炮、导弹、火箭等。

在机床工业中，机床传动系统普遍采用液压传动与控制技术，如磨床、铣床、刨床、拉床、压力机、剪床、组合机床、数控机床等。

在冶金工业中，电炉控制系统、轧钢机控制系统、平炉装料、转炉控制、高炉控制等都采用了液压技术。

在工程机械中，普遍采用了液压传动技术，如挖掘机、轮胎装载机、汽车起重机、履带推土机、轮胎起重机、自行式铲运机、振动式压路机等。

在农业机械中，液压技术的采用也很广泛，如联合收割机、拖拉机、铧犁机等。

在汽车工业中，液压自卸式汽车、液压高空作业车、消防车等均采用了液压技术。

在轻纺机械中，采用液压技术的有塑料注塑机、橡胶硫化机、造纸机、印刷机、纺织机等。

在船舶工业中，液压技术的应用也非常普遍，如全液压挖泥船、打捞船、打桩船、采油平台、水翼船、气垫船和船舶辅机等。

近几年，在太阳跟踪系统、海浪模拟装置、船舶驾驶模拟器、火箭助飞发射装置、宇航环境模拟、高层建筑防震系统、紧急刹车装置等设备中，也广泛采用了液压传动技术。

思考与练习

1. 何谓液压传动？液压传动有哪两个工作特性？
2. 液压传动系统有哪些主要组成部分？各部分的功用是什么？
3. 液压传动与机械传动、电气传动相比有哪些优缺点？

项目 2　液压传动的基础知识

　　液压传动是以液体（液压油）作为工作介质来进行能量传递的，因此，了解液体的基本性质，掌握液体平衡和运动的力学规律，对于正确理解液压传动原理以及合理设计和使用液压系统都是非常必要的。

2.1　液压油

2.1.1　液压油的用途

　　液压油有以下几种作用：

　　（1）传递运动与动力。将泵的机械能转换成液体的压力能并传至各处，由于油本身具有黏度，因此，在传递过程中会产生一定的动力损失。

　　（2）润滑。液压元件内各移动部位都可受到液压油的充分润滑，从而降低元件磨耗。

　　（3）密封。油本身的黏性对细小的间隙有密封的作用。

　　（4）冷却。液压系统损失的能量会变成热，被油带出。

2.1.2　液压油的主要性质

1．密　度

　　液体的密度是指单位体积液体所具有的质量，用符号 ρ 表示，单位为 kg/m^3，计算公式为

$$\rho = \frac{m}{V} \tag{2-1}$$

2．闪火点

　　油温升高时，部分油会蒸发而与空气混合成油气，此油气所能点火的最低温度称为闪火点；如继续加热，则会连续燃烧，此温度称为燃烧点。

3．黏　度

　　液体在外力作用下发生流动（或有流动趋势）时，分子间的内聚力会阻碍分子间的相对运动而产生内摩擦力的性质，这种性质叫作液体的黏性。液体只在流动（或有流动趋势）时才会呈现出黏性，静止液体是不呈现黏性的。

　　液体黏性的大小用黏度来度量，黏度通常可分为动力黏度和运动黏度两种。

　　动力黏度的表示如图 2-1 所示，其数学表达式如下：

$$\tau = \mu \frac{du}{dy} \tag{2-2}$$

式中，τ 表示剪应力（g/cm^2）；μ 表示动力黏度（$Pa \cdot s$）。由式（2-2）可知，液体的动力黏度是指液体在单位梯度下流动时，相邻液层单位面积上的内摩擦力。

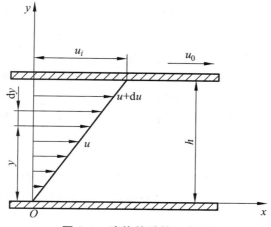

图 2-1 液体的黏性示意图

运动黏度定义为在同一温度下液体的动力黏度 μ 与它的密度 ρ 之比，以 ν 表示，即

$$\nu = \frac{\mu}{\rho} \tag{2-3}$$

运动黏度的单位为 m²/s，常用的单位为 mm²/s，又称为 cSt（厘斯），1 cSt = 10^{-6} m²/s。在液压传动计算中和液压油的牌号上（润滑油牌号），一般不用动力黏度，而用运动黏度。液压油的牌号就是以 cSt 为单位在温度为 40 ℃ 时的运动黏度的平均值，如 L-HV 32 号液压油就表示在标准温度（40 ℃）时的平均运动黏度为 32 cSt。

油的黏性易受温度影响，温度上升，黏度降低，会造成泄漏、磨损增加、效率降低等问题；温度下降，黏度增加，会造成流动困难及泵转动不易等问题。如运转时油液温度超过 60 ℃，就必须加装冷却器，因油温在 60 ℃ 以上，每超过 10 ℃，油的劣化速度就会加倍。图 2-2 所示是几种国产液压油的黏度-温度曲线。

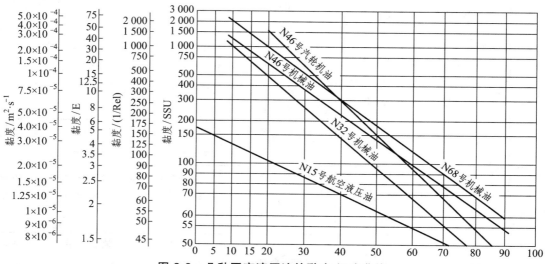

图 2-2 几种国产液压油的黏度-温度曲线

4．压缩性

液体的压缩性是指液体受到压力作用后体积减小的性质。在一般液压传动中，油液的压缩性可以忽略不计。只有在超高压系统或研究液压系统的动态性能时，才考虑液压油的可压缩性。但需要注意的是，当液压油中混入空气后，其可压缩性会明显增强，并且会影响液压系统的工作性能。因此，在液压系统中必须尽量减少液压油中空气及其他易挥发性物质的含量，以减少对液压系统工作性能的不良影响。

液压油还有其他一些性质，如稳定性、抗泡沫性、抗乳化性、防锈性、润滑性以及相容性等。

2.1.3　常用液压油及其选用

液压油的品种符号由三部分组成，即类别-品种-牌号，如 L-HM-32，其中 L 是"润滑剂、工业润滑油和有关产品"类别代号，H 是"液压系统"组别代号，HM 是指抗磨液压油，32 是液压油的黏度牌号。

液压油分为矿油型、乳化型和合成型三大类，每一类又有多个品种，其主要品种、特性和用途如表 2-1 所示。

表 2-1　液压油的主要品种、特性和用途

类型	名称	ISO 代号	特性和用途
矿油型	精制矿物油	L-HH	浅度精制并不含任何添加剂的矿物油，抗氧化性、抗泡沫性和安全性较差，用于循环润滑和要求不高的液压系统
	普通液压油	L-HL	L-HH 油中加入添加剂，提高其抗氧化和防锈性能，适用于室内一般设备的中低压系统。黏度牌号有 15、22、32、46、68、100 共 6 个
	抗磨液压油	L-HM	L-HL 油中加入添加剂，改善其抗磨性能，适用于工程机械、车辆液压系统。黏度牌号有 22、32、46、68 共 4 个
	低温液压油	L-HV	L-HM 油中加入添加剂，改善其黏温特性，可用于环境温度在 −20～40 ℃ 的高压系统。黏度牌号有 15、22、32、46、68、100 共 6 个
	高黏度指数液压油	L-HR	L-HL 油中加入添加剂，改善其黏温特性，VI 值达 175 以上，适用于对黏温特性有特殊要求的低压系统，如数控机床液压系统
	液压导轨油	L-HG	L-HM 油中加入添加剂，改善其黏滑性能，适用于机床中液压和导轨润滑合用的系统
	汽轮机油	L-TSA	深度精制矿物油中加入添加剂，改善其抗氧化、抗泡沫等性能，为汽轮机专用油，可作液压代用油，用于一般液压系统
乳化型	水包油乳化液（O/W）	L-HFA	又称高水基液，其特点是难燃、黏温特性好，有一定的防锈能力，润滑性差，易泄漏，适用于有抗燃要求、油液用量大且泄漏严重的系统
	油包水乳化液（W/O）	L-HFB	既具有矿油型液压油的抗磨、防锈性能，又具有抗燃性，适用于有抗燃要求的中压系统

续表

类型	名称	ISO 代号	特性和用途
合成型	水-乙二醇液	L-HFC	难燃，黏温特性和抗蚀性好，能在 $-30 \sim 60$ ℃ 的温度下使用，适用于有抗燃要求的中低压系统
	磷酸酯液	L-HFDR	难燃，润滑抗磨性能和抗氧化性能良好，能在 $-54 \sim 135$ ℃ 温度下使用，但缺点是有毒，适用于有抗燃要求的高压液压系统

矿油型液压油以机械油为基料，精炼后按需要加入适当的添加剂。添加剂大致有两类：一类是用来改善液压油的化学性质，如抗氧化剂、防锈剂等；另一类是用来改善液压油的物理性质，如增黏剂、抗磨剂等。矿油型液压油的润滑性能好，但抗燃性差，因此我国又研制了难燃型液压油（乳化型、合成型等）供选择，用于轧钢机、压铸机、挤压机等设备，满足耐高温、热稳定、不腐蚀、无毒、不挥发、防火等要求。

在品种确定的情况下，首先要考虑的是油液的黏度，选择液压油主要考虑如下因素：

（1）液压系统的工作压力。工作压力较高的系统宜选用黏度较高的液压油，以减少泄漏；反之宜选用黏度较低的液压油。

例如，当压力 $p = 7.0 \sim 20.0$ MPa 时，宜选用 N46～N100 的液压油；当压力 $p < 7.0$ MPa 时，宜选用 N32～N68 的液压油。

（2）运动速度。执行机构运动速度较高时，为了减小液流的功率损失，宜选用黏度较低的液压油。

（3）液压泵的类型。在液压系统中，对液压泵的润滑要求苛刻，不同类型的泵对油的黏度有不同的要求，具体可参见有关资料。

2.1.4 液压油的合理使用

合理使用液压油是保证液压系统正常工作的条件。液压系统出现的种种故障多数与液压油使用不当、污染变质有关。

根据实践经验，使用液压油应注意以下几个方面：

（1）防止工作油温过高。

不同品种液压油的正常工作温度如表 2-2 所示。液压系统的油温过高将产生如下不良影响：

表 2-2 液压油的工作温度范围

液压油	连续工作状态/℃	最高温度/℃
水包油乳化液	$4 \sim 50$	65
油包水乳化液	$4 \sim 65$	65
水-乙二醇液	$-18 \sim 65$	70
矿物油型液压油	低温 ~ 80	$120 \sim 140$
磷酸酯液	$-7 \sim 82$	150

① 油液黏度降低，液压元件及系统内、外泄漏量增加，容积效率降低，液压缸或液压马达运动速度变慢；同时由于黏度降低，相对运动表面的润滑性能变坏，加剧了磨损。

② 油液的氧化过程加快，造成油液变质；油中析出的沥青等沉淀物还会阻塞小孔和狭缝，影响系统正常工作。

③ 元件受热膨胀，可能造成配合间隙减小，影响阀芯的移动，甚至卡住。

④ 密封胶圈迅速老化变质，丧失密封性能。

（2）防止污染。

液压油的污染是造成液压系统故障的主要原因。对液压油造成污染的物质有：固体颗粒物、水、空气及有害化学物质，其中最主要的是固体颗粒物。污染源及污染控制措施如表 2-3 所示。

表 2-3　污染源及污染控制措施

污染源		控制措施
固有污染物	液压元件加工装配的残留污染物	元件在装配前要进行彻底清洗，使其达到规定的清洁度，对受污染的元件在装入系统前应进行清洁
	管件、油箱的残留污染物及锈蚀物	系统组装前要对管件和油箱进行清洗（包括酸洗和表面处理），使其达到规定的清洁度
	系统组装过程中的残留污染物	系统组装后进行循环清洗，使其达到规定的清洁度要求
外界侵入污染物	更换和补充油液时	对新油进行过滤净化处理
	经油箱呼吸孔侵入	采用密闭式油箱，安装空气滤清器和干燥器等
	经油缸活塞杆侵入	采用可靠的活塞杆防尘密封，加强对密封的维护
	维护和检修时	保持工作环境和工具的清洁；彻底清除与工作油液不相容的清洗液或脱脂剂；维修后循环过滤，清洗整个系统
	水侵入	对油液进行除水处理（干燥、过滤）
	空气侵入	排放空气，防止油箱内油液中气泡吸入泵内（如油箱内油量不足时），提高各元件接合处的密封性
内部生成污染物	元件磨损产物（磨粒）	定期检查、清洗或更换油液过滤器，过滤净化、滤除尺寸与元件关键运动副油膜厚度相当的颗粒污染物，以防止磨损
	油液氧化产物	清除油液中的水、空气和金属微粒；控制油温，抑制油液氧化；定期检查及更换液压油

（3）定期检查更换。

除应监控液压系统的液压油量是否达到规定值外，还应定期抽检液压油是否变质。液压油的黏度、酸值、水分及杂质是确定其是否需要更换的重要指标。液压油需要更换的极限指标如表 2-4 所示。

表 2-4   液压油需要更换的极限指标

液压油	性 能							
	40 ℃ 黏度变化/%	污垢含量/(mg/100 mL)	水分/%	酸值增加(KOH)/(mg/g)	相对密度变化/(油 15 ℃/水 4 ℃)	钢片腐蚀级别/(100 ℃，3 h)	闪点/℃	凝点/℃
普通液压油	±(10～15)	10	0.1	0.3	0.05	2	60	
抗磨液压油	±(10～15)	10	0.1	0.3	0.05	2	60	
低温液压油	±10	10	0.1	0.3	0.05	2	60	
磷酸酯液	(37.8 ℃)7～7.5		0.5		(25 ℃)相对密度 1.055			−60以下

2.2　液体静力学基础

2.2.1　液体静压力及其特性

静止液体是指液体内部质点与质点之间没有相对运动，处于相对平衡状态的液体。液体整体完全可以像刚体一样做各种运动。

作用于液体上的力可分为质量力和表面力。质量力作用于液体的所有质点上，如重力、惯性力等。表面力作用于液体表面上，表面力可以是其他物体（如容器壁面）作用于液体表面上的力，也可以是一部分液体作用于另一部分液体表面上的力。对于静止液体，质点之间没有相对运动而不存在切向力，由于液体只能受压而不能受拉，所以作用于液体上的法向表面力只有压力。

静止液体在单位面积上所受的法向力称为静压力。静压力在液压传动中简称压力，在物理学中则称为压强。

静止液体中某点处微小面积 ΔA 上作用有法向力 ΔF，则该点的压力定义为

$$p = \lim_{\Delta A \to 0} \frac{\Delta F}{\Delta A}$$

若法向作用力 F 均匀地作用在面积 A 上，则压力可表示为

$$p = \frac{F}{A} \tag{2-4}$$

我国采用法定计量单位 Pa 来计量压力，$1\,Pa = 1\,N/m^2$，液压技术中习惯用 MPa（N/mm^2），在企业中还习惯使用 bar（kgf/cm^2）作为压力单位，各单位关系为：$1\,MPa = 10^6\,Pa = 10\,bar$。

液体静压力有如下两个重要特性：

（1）液体静压力垂直于承压面，其方向和该面的内法线方向一致。这是由于液体质点间的内聚力很小，不能受拉只能受压所致。

（2）静止液体内任一点所受到的压力在各个方向上都相等。如果某点受到的压力在某个方向上不相等，那么液体就会流动，这就违背了液体静止的条件。

2.2.2 液体静压力基本方程

现在我们假设静止不动的液体中有如图 2-3 所示的一个高度为 h、底面积为 ΔA 的假想微小液柱。表面上的压力为 p_0，求其在 A 点的压力。由于这个小液柱在重力及周围液体的压力作用下处于平衡状态，现在可以把其在垂直方向上的力平衡关系表示为

$$p\Delta A = p_0\Delta A + \rho g h\Delta A$$

式中，$\rho g h\Delta A$ 为小液柱的重力，ρ 为液体的密度。上式简化后得

$$p = p_0 + \rho g h \tag{2-5}$$

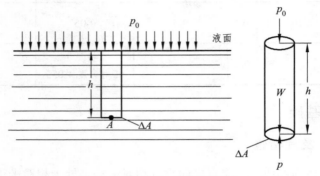

图 2-3　离液面 h 深处的压力

式（2-5）为静压力的基本方程。此式表明：

（1）静止液体中任何一点的静压力为作用在液面的压力 p_0 和液体重力所产生的压力 $\rho g h$ 之和。

（2）液体中的静压力随着深度 h 的增加而线性增加。

（3）在连通器里，静止液体中只要深度 h 相同，其压力就相等。

【例 2-1】 如图 2-4 所示，容器内盛有油液。已知油的密度 $\rho = 900\ \mathrm{kg/m^3}$，活塞上的作用力 $F = 1\ 000\ \mathrm{N}$,活塞的面积 $A = 1 \times 10^{-3}\ \mathrm{m^2}$,假设活塞的质量忽略不计。问活塞下方深度 $h = 0.5\ \mathrm{m}$ 处的压力等于多少？

解：活塞与液体接触面上的压力均匀分布，有

$$p_0 = \frac{F}{A} = \frac{1\ 000\ \mathrm{N}}{1 \times 10^{-3}\ \mathrm{m^2}} = 10^6\ \mathrm{N/m^2}$$

根据静压力的基本方程式（2-5），深度为 h 处的液体压力为

$$p = p_0 + \rho g h = 10^6 + 900 \times 9.8 \times 0.5$$
$$= 1.004\ 4 \times 10^6 (\mathrm{N/m^2}) \approx 10^6 (\mathrm{Pa})$$

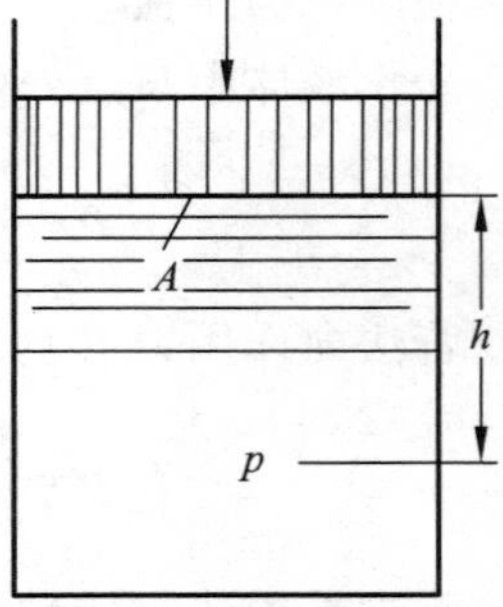

图 2-4　静止液体内的压力

从本例可以看出，液体在受外界压力作用的情况下，液体自重所形成的那部分压力 $\rho g h$ 相对甚小，在液压系统中常可忽略不计，因而可近似认为整个液体内部的压力是相等的。以后我们在分析液压系统的压力时，一般都采用这一结论。

2.2.3 绝对压力、表压力及真空度

压力的表示方法根据度量方法的不同，有表压力（又称相对压力）p（gauge pressure）

和绝对压力 p_{abs}（absolute pressure）之分。

以当地大气压力 p_{at}（atmospheric pressure）为基准所表示的压力称为表压力；以绝对零压力为基准所表示的压力称为绝对压力。

若液体中某点处的绝对压力小于大气压力，则此时该点的绝对压力比大气压力小的那部分压力值称为真空度，所以有

$$真空度 = 大气压力 - 绝对压力 \tag{2-6}$$

有关表压力、绝对压力和真空度的关系如图 2-5 所示。

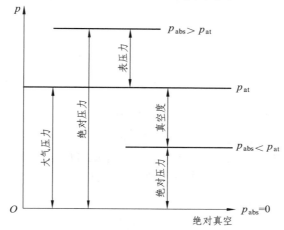

图 2-5 绝对压力、表压力和真空度的关系

注意：如不特别指明，液、气压传动中所提到的压力均为表压力。

【**例 2-2**】如图 2-6 所示为装有水银（汞）的 U 形管测压计，左端与水的容器相连，右端与大气相通。汞的密度为 $\rho_汞 = 13.6 \times 10^3 \text{ kg/m}^3$，标准大气压 1 atm = 101 325 Pa。

（1）如图 2-6（a）所示，已知 $h = 20$ cm，$h_1 = 30$ cm，试计算 A 点的相对压力和绝对压力。

（2）如图 2-6（b）所示，已知 $h_1 = 15$ cm，$h_2 = 30$ cm，试计算 A 点的真空度和绝对压力。

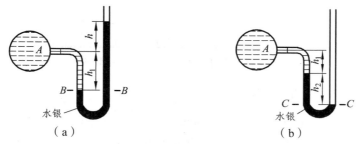

图 2-6 U 形管测压计

解：（1）图 2-6（a）取 B—B 面为等压面，列静力学方程，即

$$\rho_汞 g(h_1 + h) = p_A + \rho_水 g h_1$$
$$p_A = \rho_汞 g h + g h_1 (\rho_汞 - \rho_水)$$
$$= 13.6 \times 10^3 \times 9.81 \times 0.2 + 9.81 \times 0.3 \times (13.6 \times 10^3 - 10^3)$$
$$= 63\,765 \text{ (Pa)} \approx 0.064 \text{ (MPa)}$$

上式求得的是相对压力，A 点的绝对压力为

$$p_A = 0.101\,\text{MPa} + 0.064\,\text{MPa} = 0.165\,\text{MPa}$$

（2）图 2-6（b）取 $C—C$ 面为等压面，p_C 压力等于大气压力 p_{at}，列静力学方程，即

$$p_C = p_A + \rho_水 gh_1 + \rho_汞 gh_2$$
$$p_A = p_C - (\rho_水 gh_1 + \rho_汞 gh_2)$$
$$= 101\,325 - (10^3 \times 0.15 + 13.6 \times 10^3 \times 0.3) \times 9.81$$
$$= 59\,828\,(\text{Pa}) \approx 0.06\,(\text{MPa})$$

上式求得的是绝对压力，A 点的真空度为

$$p_{at} - p_A = 101\,325 - 59\,828 = 41\,497\,(\text{Pa}) \approx 0.04\,(\text{MPa})$$

2.2.4　静压传递原理

在密闭容器里的静止液体中，任意点处的压力如有变化，这个压力的变化值将传递给液体中的所有点，且其值不变，这即为静压传递原理，又称帕斯卡原理。静压传递原理是液压传动的基本原理之一。图 1-1 所示油压千斤顶的工作原理图是静压传递原理的具体应用。

图 2-7 为油压千斤顶简化后的工作原理图。液压缸内的液体各点压力为

$$p = \frac{W}{A_2} = \frac{F}{A_1} \tag{2-7}$$

式（2-7）还建立了一个很重要的概念，即在液压传动中工作的压力取决于负载，而与流入的液体多少无关。

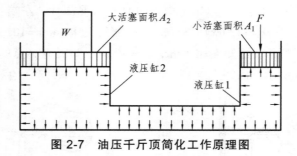

图 2-7　油压千斤顶简化工作原理图

2.2.5　液体对固体壁面的作用力

静止液体与固体壁面接触时，固体壁面将受到液体的作用力。

当固体壁面为平面时，液体对固体壁面上的作用力 F 等于液体压力 p 与该平面面积 A 的乘积，即

$$F = pA \tag{2-8}$$

当固体壁面是曲面时，液体作用于某曲面 x 方向上的作用力等于液体压力 p 与该曲面在该方向投影面积 A_x 的乘积，即

$$F_x = pA_x \tag{2-9}$$

如图 2-8 所示，假设与锥阀接触的液体压力为 p，锥面与阀口接触处的直径为 d，液体在轴线方向对锥面的作用力 F_y 就等于液体压力 p 与受压锥面在轴线方向的投影面积 $\frac{\pi}{4}d^2$ 的乘积，即 $F_y = p\frac{\pi}{4}d^2$。

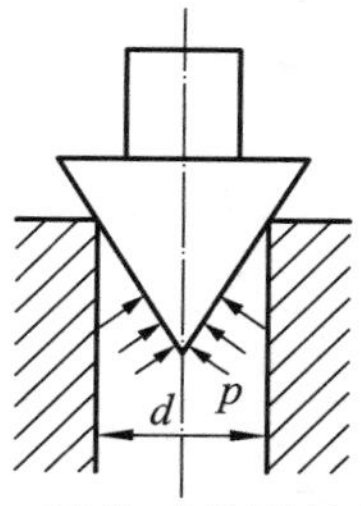

图 2-8　液体对锥面的作用力

2.3　液体动力学基础

本节主要讨论液体的流动状态、运动规律、能量转换以及流动液体与固体壁面的相互作用力等问题，这些内容不仅构成了液体动力学基础，而且还是液压技术中分析问题和设计计算的理论依据。

2.3.1　流动液体的基本概念

1．理想液体和实际液体

黏性对液体的流动会产生一定的影响，若考虑这种影响，将使问题变得复杂，为了方便、清晰地分析问题，首先假设液体是没有黏性的，然后再考虑黏性的影响并进行修正。所以把既无黏性又不可压缩的液体叫作理想液体，而把实际上既有黏性又可压缩的液体叫作实际液体。

2．稳定流和非稳定流

液体在流动时，通过任一通流横截面的速度、压力和密度不随时间改变的流动称为稳流；反之，速度、压力和密度其中一项随时间改变的流动就称为非稳流。

3．流　　量

流量是指单位时间内流过通流截面液体的体积，用符号 q 表示，单位为 m³/s，工程中常用 L/min，$1\ \text{L} = 1 \times 10^{-3}\ \text{m}^3$，$1\ \text{m}^3/\text{s} = 6 \times 10^4\ \text{L/min}$。

4．流　　速

通常所说的流速均指平均流速，即假想液体经过通流截面的流速是均匀分布的，用 v 表示，单位为 m/s。用平均流速计算流量，则有

$$q = vA \qquad\qquad (2\text{-}10)$$

式中　A——垂直于液体流动方向的通流截面的面积。

5．液体的流动状态

液体的流动状态分为层流和紊流，这一现象可通过雷诺实验观察。判断液体是层流或紊流，可通过雷诺数 Re 来判断。液体在圆管中流动时的雷诺数 Re 与管道的直径和液体流速成正比，而与运动黏度成反比，即

$$Re = vd/\nu \qquad\qquad (2\text{-}11)$$

式中　v——管道内液体的流动速度；

　　　d——圆形管道的直径；

　　　ν——液体的运动黏度。

液体的流动状态是层流或紊流，由临界雷诺数 Re_c 决定。当雷诺数 $Re < Re_c$ 时，流动状态

为层流；当雷诺数 $Re > Re_c$ 时，流动状态为紊流。

通过实验得出常用管道的临界雷诺数如表 2-5 所示。

表 2-5　常用管道的临界雷诺数 Re_c

管　道	Re_c	管　道	Re_c
光滑金属圆管	2 320	带环槽的同心环状缝隙	700
橡胶软管	1 600 ~ 2 000	带环槽的偏心环状缝隙	400
光滑的同心环状缝隙	1 100	圆柱形滑阀阀口	260
光滑的偏心环状缝隙	1 000	锥阀阀口	20 ~ 100

对于非圆截面的管道来说，雷诺数 Re 可用下式计算：

$$Re = \frac{v d_H}{v} \tag{2-12}$$

式中　d_H——管道截面的水力直径，其值与通流截面的有效面积 A 和湿周 x（通流截面上与液体接触的固体壁面的周界长度）的关系为

$$d_H = \frac{4A}{x} \tag{2-13}$$

水力直径大，液体流动时与管壁接触少，阻力小，通流能力大；水力直径小，液体流动时与管壁接触多，阻力大，通流能力小，容易堵塞。

一般液压传动系统所用的液体为矿物油，黏度较大，且管中流速不大，多属层流。只有当液体流经阀口或弯头等处时才会形成紊流。

2.3.2　液流的连续性定理

对于稳流而言，液体以稳流流动通过管内任一截面的液体质量必然相等。如图 2-9 所示，管内两个流通截面面积为 A_1 和 A_2，流速分别为 v_1 和 v_2，则通过任一截面的流量 Q 为

$$Q = Av = A_1 v_1 = A_2 v_2 = 常数 \tag{2-14}$$

式（2-14）即为连续定理，此式还得出另一个重要的基本概念，即运动速度取决于流量，而与流体的压力无关。

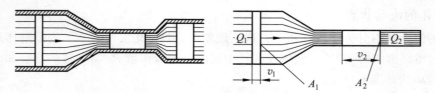

图 2-9　管路中液体的流量对各截面而言皆相等

【例 2-3】图 2-10 所示为相互连通的两个液压缸，已知大缸内径 $D = 100$ mm，小缸内径 $d = 20$ mm，大活塞上放一质量为 5 000 kg 的物体 G。问：

（1）在小活塞上所加的力 F 有多大才能使大活塞顶起重物？

（2）若小活塞下压速度为 0.2 m/s，大活塞上升速度是多少？

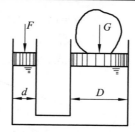

图 2-10 帕斯卡原理应用实例

解:（1）物体的重力为

$$G = mg = 5\,000 \text{ kg} \times 9.8 \text{ m/s}^2$$
$$= 49\,000 \text{ kg} \cdot \text{m/s}^2 = 49\,000 \text{ N}$$

根据帕斯卡原理，因为外力产生的压力在两缸中均相等，即

$$F = \frac{d^2}{D^2}G = \frac{20^2 \text{ mm}^2}{100^2 \text{ mm}^2} \times 49\,000 \text{ N} = 1\,960 \text{ N}$$

（2）由连续定理 $Q = Av = $ 常数得

$$\frac{\pi d^2}{4}v_{小} = \frac{\pi D^2}{4}v_{大}$$

故大活塞上升速度为

$$v_{大} = \frac{d^2}{D^2}v_{小} = \frac{20^2}{100^2} \times 0.2 = 0.008 \,(\text{m/s})$$

2.3.3 伯努利定理

伯努利方程是能量守恒定律在液体力学中的一种表达形式。

在没有黏性和不可压缩的稳流中，依能量守恒定律可得

$$\frac{p}{\rho g} + \frac{v^2}{2g} + h = 常数 \tag{2-15}$$

式中 p ——压力（Pa）；

ρ ——密度（kg/m³）；

v ——流速（m/s）；

g ——重力加速度（m/s²）；

h ——水位高度（m）。

我们称式（2-15）为理想液体的伯努利定理。

如图 2-11 所示，在有黏性和不可压缩的稳流中，依能量守恒定律得

$$\frac{p_1}{\rho g} + \frac{\alpha_1 v_1^2}{2g} + h_1 = \frac{p_2}{\rho g} + \frac{\alpha_2 v_2^2}{2g} + h_2 + \sum H_v \tag{2-16}$$

式中 $\sum H_v$ ——因黏性而产生的能量损失（m）；

　　α_1、α_2——动能修正系数，紊流时 $\alpha=1$，层流时 $\alpha=2$。

　　我们称式（2-16）为实际液体的伯努利定理。

　　伯努利方程是液压传动中很重要的一个公式，它是进行各种水力计算、管路计算的基础。

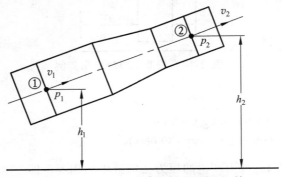

图 2-11　点①和点②截面的能量相等

2.3.4　液体动量方程

　　根据理论力学中的动量定理，作用在物体上的合力等于物体在力作用方向上动量的变化率，即稳态液动力，计算式为

$$F = \frac{mv_2 - mv_1}{\Delta t} \qquad (2\text{-}17)$$

　　对于做稳定流动的液体，若忽略可压缩性，液体的密度不变，则单位时间内流过的液体质量 $m = \rho q \Delta t$，将其代入式（2-17），动量方程式为

$$F = \rho q (v_2 - v_1) \qquad (2\text{-}18)$$

　　若考虑实际流速与平均流速之间存在的误差，应引入动量修正系数，其动量方程为

$$F = \rho q (\beta_2 v_2 - \beta_1 v_1) \qquad (2\text{-}19)$$

式中　F——作用在液体上外力的合力；

　　　v_1、v_2——液体在前后两个过流截面上的流速；

　　　β_1、β_2——动量修正系数，紊流时 $\beta=1$，层流时 $\beta=1.33$，为简化计算，一般均取 $\beta=1$。

2.4　液体流动中压力和流量的损失

2.4.1　压力损失

　　液体在液压管路中流动时克服黏性而产生的摩擦阻力及液体质点碰撞所消耗的能量，称为能量损失，能量损失表现为液体的压力损失。

　　压力损失产生的内因是液体本身的黏性，外因是管道结构和流态。压力损失有沿程压力损失和局部压力损失两种。总的压力损失等于沿程损失与局部损失之和。

　　1. 沿程压力损失

　　液体在等径直管中流动时，因液体黏性引起的内摩擦而产生的压力损失称为沿程压力损失。实践证明：液体的沿程压力损失与管道长度、单位体积的动能成正比，与管径成反比。

若其沿程阻力系数为 λ，则沿程压力损失 Δp_λ 为

$$\Delta p_\lambda = \lambda \frac{l}{d} \frac{\rho v^2}{2} \tag{2-20}$$

式中　λ——沿程压力损失系数，其取值可利用经验公式计算，如表 2-6 所示；
　　　l——液体流经管路的长度；
　　　d——管路内径；
　　　ρ——液体的密度；
　　　v——液体的平均流速。

表 2-6　管道内的沿程阻力系数 λ

液流状态	不同情况的管道		λ 的计算
层流	等温时的金属圆形管道（如对水）		$\lambda = 64/Re$
	对于非等温（靠近管壁液流层被冷却）时的金属管道或截面不圆以及弯成圆滑曲线的管道		$\lambda = 75/Re$
	弯曲的软管，特别是弯曲半径较小时		$\lambda = 108/Re$
紊流	除与 Re 有关外，还与管壁的粗糙度有关	$Re < 10^5$	$\lambda = 0.3164Re^{-0.25}$
	对于内壁光滑的管道	$10^5 < Re < 10^7$	$\lambda = 0.0032 + 0.221Re^{-0.237}$

2. 局部压力损失

液体流经管道的弯头、接头、突变截面以及阀口、滤网等局部阻力装置所产生的压力损失，称为局部压力损失。当液体流过上述各种局部装置时，液流流速的大小或方向将发生变化，在这些地方将形成旋涡、气穴，并发生强烈的撞击现象，由此造成能量损失导致局部压力损失。局部压力损失 Δp_ξ 可按下式计算：

$$\Delta p_\xi = \xi \frac{\rho v^2}{2} \tag{2-21}$$

式中　ξ——局部阻力系数，液体流经这些局部障碍物时的流动现象很复杂，具体数据可通过实验测定或查阅有关液压传动设计手册。

3. 管路系统中的总压力损失

管路系统中的总压力损失等于所有管路系统中的沿程压力损失和局部压力损失之和，即

$$\sum \Delta p = \sum \Delta p_\lambda + \sum \Delta p_\xi = \sum \left(\lambda \frac{l}{d} + \xi \right) \frac{\rho v^2}{2} \tag{2-22}$$

利用式（2-22）进行计算时，只有在各局部障碍之间有足够的距离时才正确。因为当液体流过一个局部障碍后，要在直管中流过一段距离，液体才能稳定，否则其局部阻力系数可能比正常情况大 2～3 倍。因此，一般希望在两个障碍之间直管的长度为 $l > (10 \sim 20)d$。

由于压力损失的必然存在性，因此，泵的额定压力要略大于系统工作时所需的最大工作压力。一般可将系统工作所需的最大工作压力乘以一个 1.3～1.5 的系数来估算，即

$p_p = (1.3 \sim 1.5)p$，或者根据液压泵到液压缸之间采用的液压元件估算总压力损失 $\sum \Delta p$，那么液压泵的出口工作压力为液压缸所需工作压力 p 与估算总压力损失 $\sum \Delta p$ 之和，即

$$p_p = p + \sum \Delta p \qquad\qquad\qquad (2\text{-}23)$$

式中　p_p——液压泵的出口工作压力；

　　　p——液压缸的工作压力。

4．减小液流压力损失的措施

在液压传动系统中，绝大多数压力损失转变成了热能，造成系统温度升高，泄漏增大，影响系统的工作性能。因此，在设计和改造液压系统时，要使压力损失越小越好。从压力损失的公式可以看出，减小压力损失有以下一些措施：

① 管道应有足够的通流面积，并将流速限制在适当的范围内。降低流速可减小损失，但流速太低，也会使管路和阀类元件的尺寸加大，并使成本增高，因此需要综合考虑确定液体在管道中的流速。

② 尽量缩短管道长度，减小管道弯曲和截面的突变。

③ 提高管道内壁的加工质量，降低表面粗糙度。

④ 液压油黏度选择要适当。

2.4.2　流量损失

在液压系统中，各液压元件都有相对运动的表面，如液压缸内表面和活塞外表面。因为存在相对运动，所以它们之间都有一定的间隙，如果间隙的一边为高压油，另一边为低压油，那么高压油就会经间隙流向低压区，从而造成泄漏。同时，由于液压元件密封不完善，因此，一部分油液也会向外部泄漏。这种泄漏会造成实际流量有所减少，这就是我们所说的流量损失。

流量损失影响运动速度，而泄漏又难以绝对避免，所以在液压系统中泵的额定流量要略大于系统工作时所需的最大流量。通常也可以用系统工作所需的最大流量乘以一个 $1.1 \sim 1.3$ 的系数来估算。

2.5　孔口和缝隙流量

在液压系统中，经常遇到油液流过缝隙和小孔的情况。例如，许多液压元件的相对运动表面间存在间隙，以及元件上有节流小孔、阻尼小孔等，当缝隙或阻尼小孔两端压力不相等时，就会有油液通过。研究油液流过缝隙和小孔时的压力和流量变化规律，对于分析泄漏和有关计算具有重要意义。

2.5.1　孔口流量

在液压传动中，经常利用阀的孔口来控制流量和压力，因此，了解孔口的流量-压力特性，对于正确使用和维护液压系统，分析液压元件的性能非常必要。

孔口可分为 3 种，当孔口的长径比 $l/d \leqslant 0.5$ 时，称为薄壁小孔；当 $0.5 < l/d < 4$ 时，称为短孔；当 $l/d \geqslant 4$ 时，称为细长孔。

经研究发现，通过孔口的流量与孔口的面积、孔口前后的压力差以及由孔口形式所决定

的特性系数有关。液体流经孔口时的通用流量公式为

$$q = KA\Delta p^m \qquad\qquad (2\text{-}24)$$

式中　　A ——孔口截面面积（m^2）；

　　　　Δp ——孔口前后的压力差（Pa）；

　　　　m ——由孔口形状决定的指数，且 $0.5 \leqslant m \leqslant 1$，当孔口为薄壁小孔时，$m = 0.5$，当孔口为细长孔时，$m = 1$；

　　　　K ——孔口形状系数，当孔口为薄壁小孔时，$K = C_q \sqrt{2/\rho}$（其中 C_q 为小孔流量系数），当孔口为细长孔时，$K = d^2 /(32\mu l)$。

　　从以上对孔口流量公式 $q = KA\Delta p^m$ 的分析可以看出，对于细长孔而言，流量 q 与孔口前后的压力差 Δp 呈线性关系，且与流体黏度 μ 有关，因此，流量受温度、压力差的影响较大。对于薄壁小孔而言，流量 q 与孔口前后的压力差 Δp 的平方根及小孔面积 A 成正比关系，而与黏度无关，因此，流量受温度、压力差的影响较小，而且流程短，不易堵塞。因而在液压传动与控制中，薄壁小孔得到了广泛应用。

2.5.2　缝隙流量

　　在液压系统中，由于元件连接部分密封不好以及配合表面间隙的存在，油液流经这些缝隙时就会产生泄漏现象，造成流量损失。

　　缝隙的大小相对于它的长度和宽度而言小得多，一般在几微米到几十微米之间，因此，缝隙中的流动受固体壁面的影响很大，其流态一般为层流。液体流经缝隙的流量计算公式如表 2-7 所示。

表 2-7　液体流经缝隙的流量计算公式

类　型	缝隙流动示意图	流量计算公式
平行平板缝隙流动		$q = \dfrac{bh^3}{12\mu l}\Delta p \pm \dfrac{bh}{2}u_0$
同心环形缝隙流动		$q = \dfrac{\pi dh^3}{12\mu l}\Delta p \pm \dfrac{\pi dh}{2}u_0$
偏心环形缝隙流动		$q = \dfrac{\pi dh^3}{12\mu l}\Delta p (1+\varepsilon^2) \pm \dfrac{\pi dh}{2}u_0$

表 2-10 所示公式中各符号的含义如下：

q ——通过缝隙的流量（m^3/s）；

b ——缝隙宽度（m）；

h ——缝隙的高度（m）；

Δp ——缝隙前后的压力差（Pa）；

μ ——油液的动力黏度（$Pa \cdot s$）；

l ——缝隙的长度（m）；

d ——环形缝隙的外圆直径（m）；

u_0 ——相对运动速度（m/s）；

ε ——缝隙的相对偏心率，是指内圆柱中心与外圆中心的偏心距 e 对缝隙高度 h 的比值，即 $\varepsilon = e/h$。

对于表 2-7 所示公式中的"$\pm$"号的确定方法是：当两个相对运动形成的流量方向与压差形成的流量方向相同时，取"$+$"号；方向相反时，取"$-$"号。

由表 2-7 中的公式可以看出：

① 缝隙流量（泄漏量）对缝隙尺寸 h 最为敏感，与 h^3 成正比，因此，必须确保在较好的相对运动的前提下严格控制间隙值，以减少泄漏量。这也是液压元件配合精度要求高的原因。

② 当偏心环形缝隙的相对偏心率达到最大值，即 $\varepsilon = e/h = 1$ 时，称为完全偏心，此时偏心环形缝隙的流量是同心环形缝隙流量的 2.5 倍。由此可见，保持阀件配合的同轴度非常重要。

2.6 液压冲击和气穴现象

在液压传动中，液压冲击和气穴现象会给系统的正常工作带来不利影响，因此需要了解这些现象产生的原因，并采取措施加以防治。

2.6.1 液压冲击

在液压系统中，因某种原因（如当油路突然关闭或换向时），会产生急剧的压力升高，这种现象称为液压冲击。液压冲击时产生的压力峰值往往比正常工作压力高好几倍，这种瞬间压力冲击不仅引起振动和噪声，而且会损坏密封装置、管路和液压元件，有时还会使某些液压元件（如压力继电器、顺序阀等）产生误动作，造成设备事故。

造成液压冲击的主要原因是：液压速度的急剧变化、高速运动工作部件的惯性力和某些液压元件的反应动作不够灵敏。

当导管内的油液以某一速度运动时，若在某一瞬间迅速截断油液流动的通道（如关闭阀门），则油液的流速将从某一数值在某一瞬间突然降至零，此时油液流动的动能将转化为油液挤压能，从而使压力急剧升高，造成液压冲击。高速运动的工作部件的惯性力也会引起系统中的压力冲击。

减小液压冲击的主要措施如下：

① 延长阀门关闭时间和运动部件制动换向的时间。实验证明，当换向时间大于 0.3 s 时，

液压冲击会大大减少。

② 限制管路内液体的流速及运动部件的速度。一般在液压系统中，将管路流速控制在 4.5 m/s 以内，运动部件的速度控制在 10 m/min 以内，且运动部件质量越大，其运动速度就应越小。

③ 适当增大管径。这样不仅可以降低流速，而且可以减小压力冲击波的传播速度。

④ 尽量缩短管道长度。这样可以减小压力波的传播时间。

⑤ 用橡胶软管或在冲击源处设置蓄能器，以吸收冲击能量；也可以在容易出现液压冲击的地方，安装限制压力升高的安全阀。

2.6.2　气穴现象

在液流中当某点压力低于液体所在温度下的空气分离压力时，原来溶于液体中的气体会分离出来而产生气泡，这就叫气穴现象。当压力进一步减小直至低于液体的饱和蒸气压时，液体就会迅速汽化形成大量蒸气气泡，使空穴现象更为严重，从而使液流呈不连续状态。

如果液压系统中发生了气穴现象，液体中的气泡随着液流运动到压力较高的区域时，一方面，气泡在较高压力作用下将迅速破裂，从而引起局部液压冲击，造成噪声和振动；另一方面，由于气泡破坏了液流的连续性，降低了油管的通油能力，造成流量和压力的波动，使液压元件承受冲击载荷，因此影响了其使用寿命。同时，气泡中的氧也会腐蚀金属元件的表面，我们把这种因发生气穴现象而造成的腐蚀叫作气蚀。在液压传动装置中，气蚀现象可能发生在油泵、管路以及其他具有节流装置的地方，特别是油泵装置（这种现象最为常见）。

为了减轻气穴和气蚀危害，可采取以下一些措施：

① 减小阀孔或其他元件通道前后的压力降。一般应使液压油在阀前、阀后的压力比小于 3.5。

② 降低液压泵的安装（吸油）高度，适当加大吸油管道的内径。

③ 管路应尽量直，避免急弯和局部狭窄，少用弯头，过滤器应及时清洗。

④ 提高液压系统中元件连接处的密封性能，防止空气渗入。

⑤ 提高液压元件的抗气蚀能力。采用抗蚀能力强、机械强度高的材料，减小零部件的表面粗糙度等。

思考与练习

1. 液压系统中压力的含义是什么？压力的单位是什么？

2. 液压系统中压力是怎样形成的？压力的大小取决于什么？

3. 液压油的性能指标是什么？并说明各性能指标的含义。

4. 选用液压油主要应考虑哪些因素？

5. 如图 2-12 所示，已知活塞面积 $A = 10^{-4}\,\text{m}^2$，包括活塞自重在内的总负重 $G = 10\,000\,\text{N}$，问从压力表上读出的压力 p_1、p_2、p_3、p_4、p_5 各是多少？

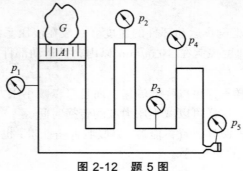

图 2-12　题 5 图

6. 如图 2-13 所示，一管路输送密度为 $\rho = 900 \text{ kg/m}^3$ 的液体，$h = 15 \text{ mm}$。测得点 1、2 处的压力如下：

（1）$p_1 = 0.45 \text{ MPa}$，$p_2 = 0.4 \text{ MPa}$；

（2）$p_1 = 0.45 \text{ MPa}$，$p_2 = 0.25 \text{ MPa}$。

试确定液流的方向。

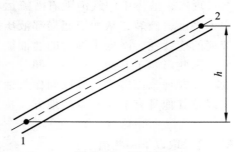

图 2-13　题 6 图

7. 如图 2-14 所示的液压系统，已知使活塞 1、2 向左运动所需的压力分别为 p_1、p_2，阀门 T 的开启压力为 p_3，且 $p_1 < p_2 < p_3$。问：

（1）哪个活塞先动，此时系统中的压力为多少？

（2）另一个活塞何时才能动？这个活塞动时系统中的压力是多少？

（3）阀门 T 何时才会开启？此时系统中的压力又是多少？

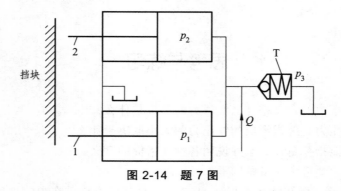

图 2-14　题 7 图

8. 如图 2-15 所示，某一液压泵从油箱中吸油，若吸油管直径 $d = 60 \text{ mm}$，流量 $q_v =$

150 L/min，油液的运动黏度 $\nu = 30 \times 10^{-6}$ m²/s，$\rho = 900$ kg/m³，弯头处的局部压力损失系数 $\xi = 0.2$，吸油口粗过滤器网上的压力损失 $\Delta p = 0.02$ MPa。若希望液压泵吸油口处的真空度不小于 0.04 MPa，求液压泵的安装（吸油）高度（吸油管浸入油液部分的沿程压力损失可忽略不计）。

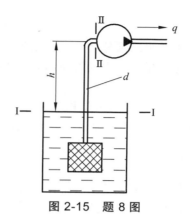

图 2-15　题 8 图

9. 什么是液压冲击？它发生的原因是什么？

10. 什么是空穴现象？它有哪些危害？应怎样避免？

项目 3   液压动力元件

3.1   液压动力元件概述

液压动力元件是液压系统的重要组成部分之一，是系统的动力源，是一种能量转换装置，其主要作用是向液压系统提供一定流量和压力的液压油。它将电动机或其他原动机输入的机械能转换为工作液体的压力能。

液压泵是液压动力元件的最常见形式。按其结构形式可分为齿轮泵、叶片泵和柱塞泵。由于它们都是利用油泵工作容积的变化来完成吸油与排油动作，所以它们都属于容积式液压泵。

3.1.1   液压泵的工作原理

图 3-1 所示为液压泵的工作原理图。柱塞 2 装在缸体 3 内，并可做左右移动，在弹簧 4 的作用下，柱塞紧压在偏心轮 1 的外表面上。当电机带动偏心轮旋转时，偏心轮推动柱塞左右运动，使密封容积 a 的大小发生周期性的变化。当 a 由小变大时就形成部分真空，使油箱中的油液在大气压的作用下，经过吸油管道顶开单向阀 6，进入油腔 a 实现吸油；反之，当 a 由大变小时，a 腔中吸满的油液将打开单向阀 5 流入液压系统而实现压油。电机带动偏心轮不断旋转，液压泵就不断地吸油和压油。液压泵都是依靠密封容积变化的原理来进行工作的，故称为容积式液压泵。

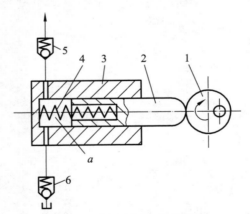

图 3-1   液压泵的工作原理图
1—偏心轮；2—柱塞；3—缸体；4—弹簧；5, 6—单向阀

根据上述工作过程可知，液压泵正常工作的必备条件如下：

① 形成密封容积。

② 密封容积的大小能交替变化。密封容积由小变大时吸油，由大变小时压油。

③ 有配流装置。配流装置的作用是保证密封容积在吸油过程中，只与油箱相通，同时关闭供油通路；压油时只与供油管路相通而与油箱断开。不同结构的液压泵的配流装置作用虽然相同，但其结构形式却不相同。在图 3-1 中，配流装置为单向阀 5 和 6。

④ 吸油过程中，油箱必须和大气相通。

3.1.2　液压泵的分类

按照不同的分类标准，液压传动中常用的液压泵类型如下：

（1）按液压泵的结构形式不同分类。

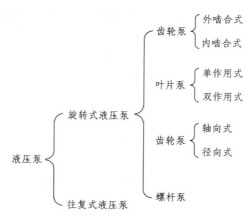

（2）按液压泵的输出流量能否调节分类。

（3）按液压泵的压力分类（见表 3-1）。

表 3-1　按液压泵的压力分类

液压泵类型	低压泵	中压泵	中高压泵	高压泵	超高压泵
压力/MPa	0 ~ 2.5	2.5 ~ 8	8 ~ 16	16 ~ 32	32 以上

液压泵的图形符号如图 3-2 所示。

![液压泵的图形符号]

（a）单向定量泵　　　　（b）双向定量泵　　　　（c）单向变量泵　　　　（d）双向变量泵

图 3-2　液压泵的图形符号

3.1.3　液压泵的性能参数

1. 液压泵的压力

① 工作压力，是指液压泵实际工作时的输出压力。工作压力的大小取决于外负载的大小和排油管路上的压力损失，而与液压泵的流量无关。

② 额定压力，是指液压泵在正常工作条件下，按照试验标准规定连续运转的最高压力。

③ 最高允许压力，是指在超过额定压力的条件下，根据试验标准规定，允许液压泵短暂运行的最高压力值。

2．液压泵的排量与流量

① 排量 V，是指液压泵每转一周，由其密封容积几何尺寸变化计算而得的排出液体的体积。排量可调节的液压泵称为变量泵，排量为常数的液压泵称为定量泵。

② 理论流量 q_t，是指在不考虑液压泵泄漏流量的情况下，在单位时间内所排出的液体体积。如果液压泵的排量为 V，其主轴转速为 n，则该液压泵的理论流量 q_t 为

$$q_t = V \cdot n \tag{3-1}$$

式中　V——液压泵排量；

　　　n——液压泵转速。

③ 实际流量 q，是指液压泵在某一具体工况下，单位时间内所排出的液体体积。它等于理论流量 q_t 减去泄漏流量 Δq，即

$$q = q_t - \Delta q \tag{3-2}$$

④ 额定流量 q_n，是指液压泵在正常工作条件下，按试验标准规定（如在额定压力和额定转速下）必须保证的流量。

3．液压泵的功率

① 输入功率 P_i，是指作用在液压泵主轴上的机械功率，当输入转矩为 T_i、角速度为 ω 时，有

$$P_i = \omega \cdot T_i \tag{3-3}$$

式中　T_i——转矩；

　　　ω——角速度。

② 输出功率 P_o，是指液压泵在工作过程中，液压泵实际输出液体压力 p 和输出流量 q 的乘积，即

$$P_o = p \cdot q \tag{3-4}$$

式中　p——液压泵输出压力；

　　　q——液压泵输出流量。

4．液压泵的效率

① 容积效率 η_V。由于液压泵内部高压腔的泄漏、油液的压缩以及在吸油过程中由于吸油阻力大、油液黏度大和液压泵转速高等原因而导致油液不能全部充满密封工作腔，液压泵的实际输出流量总是小于其理论流量，容积效率 η_V 是指液压泵的实际输出流量 q 与其理论流量 q_t 之比，即

$$\eta_V = \frac{q}{q_t} \tag{3-5}$$

② 机械效率 η_m。由于液压泵体内相对运动部件之间因机械摩擦而引起的摩擦转矩损失以及液体的黏性而引起的摩擦损失，液压泵的实际输入转矩总是大于理论上所需要的转矩。液压泵的机械效率等于液压泵的理论转矩 T_t 与实际输入转矩 T_i 之比，即

$$\eta_m = \frac{T_t}{T_i} \tag{3-6}$$

③ 总效率 η，是指液压泵的实际输出功率 P_o 与其输入功率 P_i 的比值，即

$$\eta = \frac{P_o}{P_i} = \eta_V \eta_m \tag{3-7}$$

3.2　齿轮泵

齿轮泵是利用齿轮啮合原理进行工作的。根据啮合形式的不同，可分为外啮合齿轮泵和内啮合齿轮泵两种，其中外啮合齿轮泵应用较广泛。

3.2.1　外啮合齿轮泵

1. 外啮合齿轮泵的工作原理

图 3-3 所示为外啮合齿轮泵的工作原理图及外形。这种泵主要由主、从动齿轮以及驱动轴、泵体和侧板等主要零件构成。泵体内相互啮合的主、从动齿轮与两端盖及泵体一起构成密封工作容积，齿轮的啮合线将左、右两腔隔开，形成了吸、压油腔，当齿轮按图示方向旋转时，右侧吸油腔内的轮齿脱离啮合，密封工作腔容积不断增大，形成局部真空，油液在大气压力作用下从油箱经吸油管进入吸油腔，并被旋转的轮齿带入左侧的压油腔。左侧压油腔内的轮齿不断进入啮合，使密封工作腔容积减小，油液受到挤压被排往液压系统，随着泵轴的不停旋转，油泵就完成吸油和排油。

吸油过程：轮齿脱开啮合→V 增大→p 下降→吸油；

压油过程：轮齿进入啮合→V 减小→p 上升→压油。

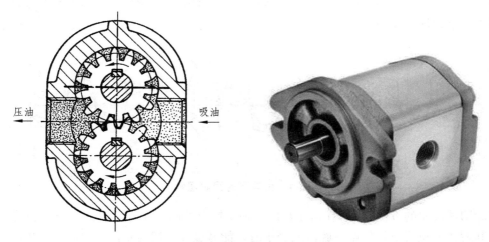

图 3-3　外啮合齿轮泵的工作原理图及外形

2. 流量和排量计算

齿轮泵的排量为

$$V = 6.66zm^2B \tag{3-8}$$

齿轮泵的实际输出流量为

$$q = 6.66zm^2Bn\eta_V \tag{3-9}$$

式中　z——齿数；

　　　m——齿轮模数；

　　　B——齿轮宽；

　　　n——齿轮泵转速；

　　　η_V——油泵的容积效率。

实际上齿轮泵的输出流量是有脉动的，式（3-9）所表示的是齿轮泵的平均输出油量。

3. 外啮合齿轮泵在结构上存在的问题

（1）困油现象。

齿轮泵要连续地供油，就要求齿轮啮合的重叠系数大于 1，也就是当一对齿轮尚未脱开啮合时，另一对齿轮已进入啮合。因此，在某些时间内就出现了同时有两对齿轮啮合的状况，并在两对齿轮的齿向啮合线之间形成了一个封闭容积，一部分油液也就被困在这一封闭容积中，如图 3-4（a）所示。当齿轮连续旋转时，这一封闭容积便逐渐减小，到两啮合点处于节点两侧的对称位置时封闭容积为最小，如图 3-4（b）所示。当齿轮继续转动时，封闭容积又逐渐增大，到图 3-4（c）所示的位置时，容积变为最大。在封闭容积减小时，被困油液受到挤压，压力急剧上升，使轴承上突然受到很大的冲击载荷，使油泵剧烈振动，这时高压油从一切可能泄漏的缝隙中挤出，造成功率损失，并使油液发热。当封闭容积增大时，由于没有外来油液补充，因此将形成局部真空，使原来溶解于油液中的空气分离出来形成气泡。油液中产生气泡后，将会引起噪声、气蚀等，这就是困油现象。齿轮泵的困油现象严重地影响了油泵的工作平稳性和使用寿命。

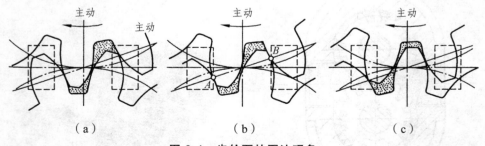

图 3-4　齿轮泵的困油现象

消除困油现象的方法：通常在齿轮泵的泵盖上铣出了两个卸荷凹槽，其几何关系如图 3-5 所示。卸荷槽的位置应该使困油腔由大变小时，能通过卸荷槽与压油腔相通进行排油；而当困油腔由小变大时，能通过另一卸荷槽与吸油腔相通进行吸油。两卸荷槽之间的距离必须保证在任何时候都不能使压油腔和吸油腔互通。

（2）径向不平衡力。

齿轮泵工作时，在齿轮和轴承上承受径向液压力的作用。如图 3-6 所示，泵的下侧为吸油腔，上侧为压油腔。在压油腔内液压力作用于齿轮上，同时沿着齿顶的泄漏油具有大小不等的压力也作用于齿轮上，齿轮和轴承受到的液压力在径向上处于不平衡状态。液压力越高，这个不平衡力就越大，其结果不仅加速了轴承的磨损，降低了轴承的寿命，甚至使轴变形，造成齿顶和泵体内壁的摩擦。为了解决径向力不平衡问题，在有些齿轮泵上，采用开压力平衡槽的办法来消除径向不平衡力，但这将使泄漏增大，容积效率降低；还可采用缩小压油腔，以减少油液压力对齿顶部分的作用面积来减小径向不平衡力，这样油泵的压油口孔径比吸油口孔径要小。

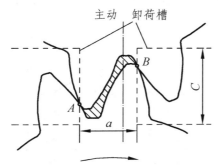

图 3-5　齿轮泵的困油卸荷槽

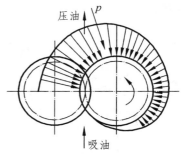

图 3-6　齿轮泵的径向不平衡力

（3）泄漏。

在液压泵中，运动零件之间是靠微小间隙密封的，但高压腔的油液通过间隙向低压腔泄漏是不可避免的。齿轮泵压油腔的压力油可以通过 3 条途径泄漏到吸油腔：一是通过齿轮啮合线处的间隙（齿侧间隙）；二是通过泵体内壁和齿顶间的径向间隙（齿顶间隙）；三是通过齿轮两端面和侧板间的间隙（端面间隙）。在这 3 类间隙中，端面间隙的泄漏量最大，压力越高，由间隙泄漏的液压油液就越多。因此，为了实现齿轮泵的高压化，为了提高齿轮泵的压力和容积效率，需要从结构上采取措施，对端面间隙进行自动补偿。

通常采用的自动补偿端面间隙的装置有：浮动轴套式[见图 3-7（a）]、弹性侧板式[见图 3-7（b）]和挠性侧板式[见图 3-7（c）]。

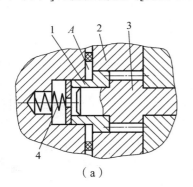

（a）

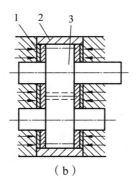

（b）

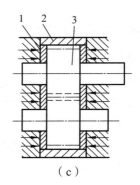

（c）

图 3-7　自动补偿端面间隙装置示意图

1—浮动轴套；2—泵体；3—齿轮轴；4—弹簧

4．外啮合齿轮泵的特点

外啮合齿轮泵的优点是结构简单，尺寸小，质量轻，制造方便，价格低廉，工作可靠，自吸能力强，对油液污染不敏感，维护容易。它的缺点是一些机件要承受不平衡径向力，磨损严重，泄漏大，工作压力的提高受到限制。此外，它的流量脉动大，因而压力脉动和噪声都比较大。

3.2.2　内啮合齿轮泵

内啮合齿轮泵分为有隔板的内啮合齿轮泵和摆动式内啮合齿轮泵，如图 3-8 所示。它们的共同特点是：内、外齿轮转动方向相同，齿面间相对速度小，运转噪声小；齿数相异，不会发生困油现象。

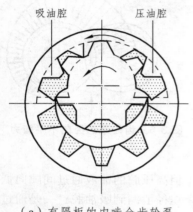

（a）有隔板的内啮合齿轮泵

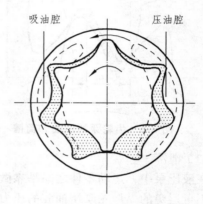

（b）摆动式内啮合齿轮泵

图 3-8　内啮合齿轮泵

内啮合齿轮泵有许多显著优点，其结构紧凑，体积小，零件少，质量轻，运动平稳，流量脉动比外啮合齿轮泵小，噪声低，容积效率较高，转速可高达 10 000 r/mim 等。其缺点是齿形复杂，加工困难，价格较贵，目前多采用粉末冶金压制成型。

3.2.3　齿轮泵的特点及应用

优点：结构简单，制造方便，成本低，体积小，质量轻，转速高，自吸性能好，对油的污染不敏感，工作可靠，寿命长，便于维护修理以及价格低廉等。

缺点：流量和压力脉动较大，噪声较大（内啮合齿轮泵噪声较小），排量不可调，排量较小，因而使用范围受到限制。

一般对于负载小、功率小的液压设备，机械设备的辅助装置（如送料、夹紧装置）等，可选用齿轮泵。由于齿轮泵的抗污染能力较强，常用在筑路机械、港口机械以及小型工程机械中。

3.3　叶片泵

　　根据各密封工作容积在转子旋转一周吸、排油液次数的不同，叶片泵分为两类：完成一次吸、排油液的单作用叶片泵和完成两次吸、排油液的双作用叶片泵。单作用叶片泵多为变量泵。双作用叶片泵均为定量泵，一般最大工作压力为 7.0 MPa，经结构改进的高压叶片泵最大的工作压力可达 16.0～21.0 MPa。

3.3.1　双作用叶片泵

1. 双作用叶片泵的工作原理

　　图 3-9 所示为双作用叶片泵的工作原理图及外形。双作用叶片泵主要由定子 1、转子 2、叶片 3、配油盘（图中未画出）和泵体等组成。定子内表面近似为椭圆柱形，该椭圆形由两段长半径 R、两段短半径 r 和 4 段过渡曲线所组成，且定子和转子中心重合。在转子上沿圆周均匀分布的若干槽内分别安放有叶片。当转子转动时，叶片在离心力的作用下，在转子槽内做径向移动而压向定子内表面。每两个叶片、定子的内表面、转子的外表面与两侧配油盘间形成一个密封空间。当转子按图示方向旋转时，密封空间的容积在左上角和右下角处逐渐增大，形成局部真空而吸油。密封空间的容积在左下角和右上角处逐渐减小而压油。因此，当转子每转一周，每个工作空间要完成两次吸油和压油，所以称之为双作用叶片泵。

　　吸油过程：叶片伸出→V增大→p下降→吸油；

　　压油过程：叶片缩回→V减小→p上升→压油。

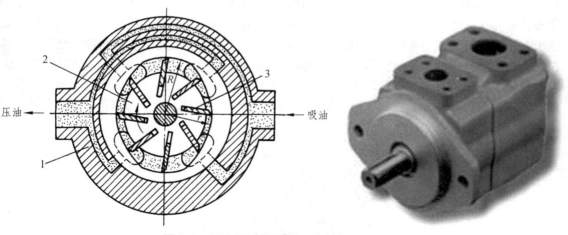

图 3-9　双作用叶片泵的工作原理图及外形

1—定子；2—转子；3—叶片

2. 双作用叶片泵的结构

　　下面以 YB1 型叶片泵为例介绍双作用叶片泵的结构。

　　YB1 型叶片泵是我国自行设计的一种中压叶片泵，额定压力为 6.3 MPa。其结构如图 3-10 所示，它由前泵体 7、后泵体 6、定子 4、左配油盘 1、右配油盘 5、转子 12、叶片 11 和传动轴 3 等组成。

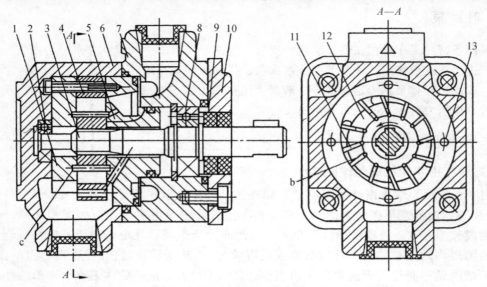

图 3-10　YB1 型叶片泵的结构图

1—左配油盘；2，8—滚珠轴承；3—传动轴；4—定子；5—右配油盘；6—后泵体；7—前泵体；
9—密封圈；10—端盖；11—叶片；12—转子；13—定位销

3. 双作用叶片泵的结构特点

（1）配油盘。

图 3-11 所示为双作用叶片泵的配油盘。在盘上有两个吸油窗口 2、4 和两个压油窗口 1、3，窗口之间为封油区。通常封油区对应的中心角稍大于或等于两个叶片之间的夹角，否则会使吸油腔和压油腔连通，造成泄漏。当两个叶片间密封的油液从吸油区过渡到封油区时，其压力基本上与吸油压力相同。但当转子再继续旋转一个微小角度时，该密封腔突然与压油腔相通，这将使其中油液压力突然升高，油液的体积突然收缩，压油腔中的油液倒流进该密封腔，使液压泵的瞬时流量突然减小，引起液压泵的流量脉动、压力脉动和噪声。为此，在配油盘的压油窗口靠叶片从封油区进入压油区的一边开有一个截面形状为三角形的三角槽，使

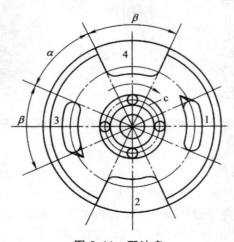

图 3-11　配油盘

1，3—压油窗口；2，4—吸油窗口；c—环形槽

两叶片之间的封闭油液在未进入压油区之前就通过该三角槽与压力油相连，使其压力逐渐上升，减缓流量和压力脉动，降低油泵噪声。环形槽 c 与压油腔相通并与转子叶片槽底部相通，使叶片的底部作用有压力油。

（2）定子曲线。

定子内表面的曲线由 4 段圆弧和 4 段过渡曲线组成。理想的过渡曲线不仅应使叶片在槽中滑动时的径向速度变化均匀，而且应使叶片转到过渡曲线和圆弧段交接点处的加速度突变不大，以减小冲击和噪声。同时，还应使油泵的瞬时流量的脉动最小。在较为新式的叶片泵中均采用"等加速-等减速"曲线作为过渡曲线。

（3）叶片倾角。

为了减小叶片对转子槽侧面的压紧力和磨损，YB1 型叶片泵的叶片相对于转子旋转方向前倾 13°。叶片前倾角在叶片泵中不是必须的，某些高压双作用叶片泵的转子槽是径向开设的，且使用情况良好。

4．双作用叶片泵的排量与流量

双作用叶片泵由于转子在转过一周的过程中，每个密封空间完成两次吸油和压油。油泵的实际排量为

$$V = 2B\left[\pi(R^2 - r^2) - \frac{R-r}{\cos\theta}Z\delta\right] \tag{3-10}$$

式中　R——大圆弧半径；

　　　r——小圆弧半径；

　　　δ——叶片厚度；

　　　Z——叶片数量；

　　　θ——叶片倾角。

若不考虑叶片的厚度和倾角，当双作用叶片泵的转数为 n、泵的容积效率为 η_V 时，泵的理论流量和实际输出流量分别为

$$q_t = V \cdot n = 2\pi Bn(R^2 - r^2) \tag{3-11}$$

$$q = q_t \cdot \eta_V = 2\pi Bn(R^2 - r^2)\eta_V \tag{3-12}$$

双作用叶片泵如不考虑叶片厚度，泵的输出流量是均匀的，但实际叶片是有厚度的，长半径圆弧和短半径圆弧也不可能完全同心，尤其是叶片底部槽与压油腔相通，因此泵的输出流量将出现微小的脉动。双作用叶片泵的流量脉动较其他形式的油泵（螺杆泵除外）小很多，且在叶片数为 4 的整数倍时流量脉动最小。因此，双作用叶片泵的叶片数一般为 12 片或 16 片。

5．叶片泵的特点及应用

双作用叶片泵具有结构紧凑、体积小、流量均匀、压力脉动很小、运转平稳、噪声小、密封可靠、寿命长等优点，但它的制造要求高，加工较困难，对油液污染敏感，自吸性能较差。

双作用叶片泵一般多为中压泵，广泛应用于各种中、低压和对流量均匀性要求较高的液

压系统中，如金属切削机床、锻压机械及辅助设备等液压系统。

3.3.2　单作用叶片泵

1. 单作用叶片泵的工作原理

图 3-12 所示为单作用叶片泵的工作原理图。单作用叶片泵由转子 1、定子 2、叶片 3、前后配油盘和端盖（图中未画出）等组成。定子的内表面为圆柱形，定子和转子之间有偏心距 e，叶片装在转子的叶片槽中，并可在槽内滑动。当转子旋转时，由于离心力的作用，使叶片紧贴在定子内壁。因此，在定子、转子、叶片和两侧配油盘之间就形成了若干个密封的工作空间。当转子按图示方向旋转时，在油泵的右部，叶片逐渐伸出，叶片间的工作空间逐渐增大，产生局部真空，从吸油口吸油；在油泵的左部，叶片被定子内壁逐渐压进槽内，工作空间逐渐缩小，将油液从压油口压出。这种叶片泵转子每转一周，每个工作空间完成一次吸油和压油，因此称为单作用叶片泵。

吸油过程：叶片伸出→V 增大→p 下降→吸油；

压油过程：叶片缩回→V 减小→p 上升→压油。

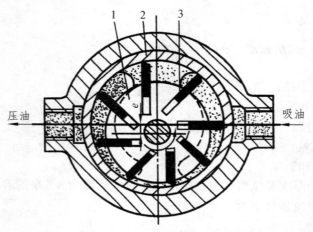

图 3-12　单作用叶片泵的工作原理图
1—转子；2—定子；3—叶片

2. 单作用叶片泵的结构特点

① 改变定子和转子之间的偏心距，便可以改变流量，故单作用叶片泵可做成变量泵。

② 处在压油腔的叶片顶部受到压力油的作用，该作用要把叶片推入转子槽内。为了使叶片顶部可靠地和定子内表面相接触，压油腔一侧的叶片底部需要通过特殊的沟槽和压油腔相通。吸油腔一侧的叶片底部要和吸油腔相通，这里的叶片仅靠离心力的作用紧贴在定子内表面上。

③ 由于转子受到不平衡的径向液压作用力，所以单作用叶片泵一般不宜用在高压系统中。

④ 为了更有利于叶片在惯性力作用下向外伸出，在设计中使叶片有一个与旋转方向相反的倾斜角，称为后倾角。后倾角一般为 24°。

3.3.3 限压式变量叶片泵

1. 限压式变量叶片泵的结构原理

根据单作用叶片泵的结构特点可知，改变定子和转子的偏心距 e 就能够改变油泵的输出流量。限压式变量叶片泵是一种特殊结构的叶片泵，它能根据输出压力的变化自动改变偏心距 e 的大小，从而改变输出流量。限压式变量叶片泵有内反馈和外反馈两种形式。

图 3-13 所示为外反馈限压式变量叶片泵的工作原理图。该泵由单作用变量泵、变量活塞 4、调压弹簧 9、调压螺钉 10 和流量调节螺钉 5 等组成。泵的出口经通道 7 与活塞腔 6 相通。在油泵未运转时，定子 2 在调压弹簧 9 的作用下，紧靠变量活塞 4，并使变量活塞 4 靠在流量调节螺钉 5 上，这时定子和转子有一偏心量 e_0，调节螺钉 5 的位置，便可改变 e_0。

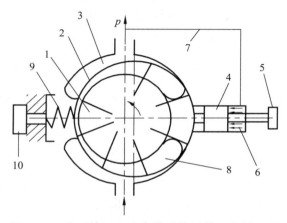

图 3-13 外反馈限压式变量叶片泵的工作原理图
1—转子；2—定子；3—吸油窗口；4—变量活塞；5—流量调节螺钉；6—活塞腔；7—通道；
8—压油窗口；9—调压弹簧；10—调压螺钉

图 3-14 所示为限压式变量叶片泵的特性曲线。当泵的出口压力 p 较低，小于限定压力 p_B 时，限压弹簧的预压缩量不变，定子不移动，最大偏心量 e_0 保持不变，泵的输出流量为最大。

当油泵压力进一步升高，大于限定压力 p_B 时，这时液压力克服弹簧力，推动定子向左移动，偏心量 e 减小，油泵的输出流量也随之减小。

当油泵的压力继续升高，达到某一极限压力 p_C

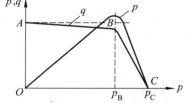

图 3-14 限压式变量叶片泵的特性曲线

时，定子移动到最左端位置，偏心量 e 减至零，油泵的输出流量为零。这时，不论油泵的外负载如何加大，油泵的输出压力也不会再升高，所以这种油泵被称为限压式变量叶片泵。

2. 限压式变量叶片泵的特点及应用

限压式变量叶片泵与双作用定量叶片泵相比，结构复杂，尺寸大，相对运动的机件多，轴上受单向径向液压力大，故泄漏大，容积效率和机械效率较低。由于流量有脉动和困油现象的存在，因而其压力脉动和噪声大，工作压力的提高受到限制。国产限压式变量叶片泵的公称压力为 6.3 MPa。但是这种泵的流量可随负载的大小自动调节，故功率损失小，可节省能源，减少发热。由于它在低压时流量大，高压时流量小，特别适合驱动快速推力小、慢速推力大的工作机构，如在组合机床上驱动动力滑台实现快速趋近→工作进给→快速退回的半自动循环运动，以及在液压夹紧机构中实现夹紧保压等动作。

3.3.4　叶片泵的特点及应用

叶片泵的结构较齿轮泵复杂，但其工作压力较高，流量脉动小，输出流量均匀，工作平稳，噪声低，寿命长，所以在中、低压液压系统中应用非常广泛，如用在专用机床和自动生产线、航空、船舶等领域。叶片泵的缺点是结构相对复杂，自吸性能不好，对油液的污染比较敏感，所以其应用范围也有一定的局限。

一般来说，由于各类叶片泵各自有突出的特点，其性能各不相同，因此应根据不同的使用场合选择合适的叶片泵。一般负载小、功率小的液压设备和精度较高的机械设备（如磨床），可选用双作用叶片泵；负载较大并有快慢两种速度工作行程的设备，可选用限压式变量叶片泵。

3.4　柱塞泵

柱塞泵按柱塞的排列和运动方向不同，可分为轴向柱塞泵和径向柱塞泵两大类。

3.4.1　轴向柱塞泵

1. 轴向柱塞泵的工作原理

轴向柱塞泵是将多个柱塞配置在一个共同缸体的圆周上，并使柱塞中心线和缸体中心线平行的一种油泵。根据其结构形式和运动方式的不同又分为直轴式（斜盘式）和斜轴式（摆缸式）两种，其中直轴式应用最广泛。

（1）直轴式轴向柱塞泵。

直轴式轴向柱塞泵也叫斜盘式轴向柱塞泵，如图 3-15 所示。这种泵主要由缸体 1、配油盘 2、柱塞 3 和斜盘 4 组成。柱塞沿缸体的圆周均匀分布在缸体内。斜盘平面与缸体轴线倾斜一定角度，柱塞靠机械装置或在低压油作用下紧压在斜盘上（图 3-15 中为弹簧），配油盘 2 和斜盘 4 固定不动。当原动机通过传动轴使缸体转动时，由于斜盘的作用，迫使柱塞在缸体内做往复运动，并通过配油盘的配油窗口进行吸油和压油。

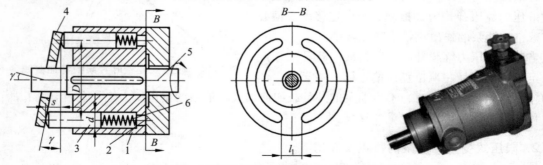

图 3-15　直轴式轴向柱塞泵的工作原理图及外形
1—缸体；2—配油盘；3—柱塞；4—斜盘；5—传动轴；6—弹簧

当传动轴按图示方向旋转时，柱塞 3 在其沿斜盘自下而上回转的半周内逐渐向缸体外伸出，导致缸体孔内密封工作腔容积不断增大，产生局部真空，从而将油液从配油盘右部的吸油窗口吸入；柱塞在其自上而下回转的半周内又逐渐向里推入，导致密封工作腔容积不断减小，并将油液从配油盘左部的压油窗口向外排出。缸体每转动一圈，每个柱塞往复运动一次，各完成一次吸、排油动作。改变斜盘的倾角 γ 的大小，就可以改变柱塞的有效行程，实现油泵排量的变化。通过改变斜盘倾角的方向，能够改变吸油和压油的方向，即成为双向变量泵。

配油盘上吸油窗口和压油窗口之间的密封区宽度应稍大于柱塞缸体底部通油孔宽度，否则将导致吸油口和压油口贯通；但密封区宽度又不能过大，否则会引起困油现象发生。一般在两配油窗口的两端部开有小三角槽，以减小液压冲击和噪声。

（2）斜轴式轴向柱塞泵。

斜轴式轴向柱塞泵及外形如图 3-16 所示。斜轴式轴向柱塞泵的缸体轴线与传动轴轴线成一倾角，传动轴端部用万向铰链、连杆与缸体中的每一个柱塞相连接。当传动轴转动时，通过万向铰链、连杆使柱塞和缸体一起转动，并迫使柱塞在缸体中做往复运动，借助配油盘进行吸油和压油。与直轴式轴向柱塞泵相比较，斜轴式轴向柱塞泵的变量范围大，柱塞受力状态较斜盘式好，泵的强度较高，可通过增大摆角 β 来增大流量，且耐冲击、寿命长，但其结构较复杂，外形尺寸和质量均较大。

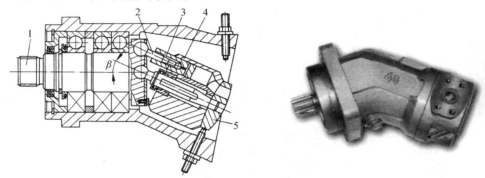

图 3-16 斜轴式轴向柱塞泵及外形
1—传动轴；2—连杆；3—柱塞；4—缸体；5—配流盘

2. 轴向柱塞泵的排量与流量

在图 3-15 中，假设柱塞的直径为 d，柱塞分布圆直径为 D，斜盘倾角为 γ，柱塞的行程为 $s = D \cdot \tan\gamma$，当柱塞数为 Z 时，轴向柱塞泵的排量为

$$V = \frac{\pi}{4}d^2 DZ \cdot \tan\gamma \tag{3-13}$$

设油泵的转数为 n，容积效率为 η_V，则泵的实际输出流量为

$$q = \frac{\pi}{4}d^2 DZn\eta_V \cdot \tan\gamma \tag{3-14}$$

实际上，由于柱塞在缸体孔中运动的速度不是恒速的，因而输出的流量是有脉动的。当柱塞数为奇数时，脉动较小，且柱塞数越多脉动就越小，因而一般常用柱塞泵的柱塞个数为 7、9 或 11。

3. 轴向柱塞泵的典型结构

图 3-17 所示为直轴式轴向柱塞泵的结构图。这种油泵由主体部分和变量机构两部分组成。主体部分由滑履 4、柱塞 5、缸体 6、配油盘 7 和缸体端面间隙补偿装置等组成；变量机构由转动手轮 1、丝杆、活塞、轴销等组成。柱塞的球状头部装在滑履 4 内，以缸体作为支撑的弹簧通过钢球推压回程盘 3，回程盘将滑履推压在斜盘上。在排油过程中，斜盘 2 推动柱塞做轴向运动，向缸体内缩回；在吸油时，依靠回程盘、钢球和弹簧组成的回程装置将滑履紧紧压在斜盘表面上，使柱塞做轴向运动，向缸体外伸出。滑履与斜盘接触的部分有一油室，它通过柱塞中间的小孔与缸体中的工作油腔相连。压力油进入油室后在滑履与斜盘的接触面之间形成一层油膜，起着静压支承的作用，使滑履作用在斜盘上的力大大减小，从而减小滑履和斜盘的磨损。传动轴 8 通过左边的花键带动缸体 6 旋转。由于滑履 4 紧贴在斜盘表面上，柱塞在随缸体旋转的同时在缸体中做往复运动。缸体中柱塞底部的密封工作容积通过配油盘 7 与油泵的进出油口相通。随着传动轴的转动，液压泵就实现了连续地吸油和排油。

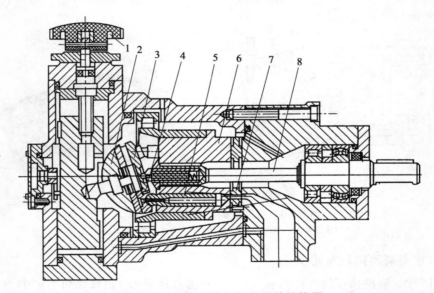

图 3-17　直轴式轴向柱塞泵的结构图
1—转动手轮；2—斜盘；3—回程盘；4—滑履；5—柱塞；6—缸体；7—配油盘；8—传动轴

直轴式轴向柱塞泵在结构上有以下特点：

① 自动补偿装置。缸体上柱塞孔的底部有一轴向孔，这个孔使得缸体压紧配油盘端面的液压力与弹簧张力共同使缸体和配油盘保持良好的接触，使密封更为可靠。同时，当缸体和配油盘配合面磨损后可以得到自动补偿，提高了油泵的容积效率。

② 滑履结构。斜盘式轴向柱塞泵中，一般柱塞头部装有滑履。柱塞与滑履之间为球面接触，而滑履与斜盘之间为平面接触，改善了柱塞的工作受力情况。由缸孔中的压力油经柱塞和滑履中间小孔，润滑各相对运动表面，大大降低了相对运动零件的磨损，有利于油泵在高压下工作。

③ 变量机构。在变量式轴向柱塞泵中均设有专门的变量机构，用来改变斜盘倾角的大小，

以调节油泵的排量。变量方式有手动式、伺服式、压力补偿式等多种。如图 3-17 所示的直轴式轴向柱塞泵采用手动变量机构。变量时，通过转动手轮 1 来实现斜盘倾角的变化。

4．轴向柱塞泵的特点及应用

轴向柱塞泵的结构紧凑、径向尺寸小、惯性小、容积效率高，主要应用在高压场合。目前，轴向柱塞泵最高工作压力可达 40.0 MPa，多用在工程机械、压力机等高压液压系统中。

3.4.2　径向柱塞泵

1．径向柱塞泵的结构和原理

径向柱塞泵的工作原理及外形如图 3-18 所示。柱塞 1 径向排列装在缸体 2 中，缸体由原动机带动连同柱塞 1 一起旋转。缸体 2 也称为转子。柱塞 1 在离心力（或在低压油）的作用下紧贴定子 4 的内壁。当转子顺时针旋转时，由于定子和转子之间有偏心距 e，柱塞在上半周时逐渐向外伸出，柱塞底部的容积逐渐增大，形成部分真空，吸油腔则从配油轴 5 和吸油口 b 吸油；当柱塞转到下半周时，定子内壁将柱塞向里推，柱塞底部的容积逐渐减小，压油腔通过配油轴向外压油。当转子回转一周时，每个柱塞底部的密封容积都完成一次吸、压油。转子连续运转，油泵就连续完成吸、压油工作，向外输出液压油。

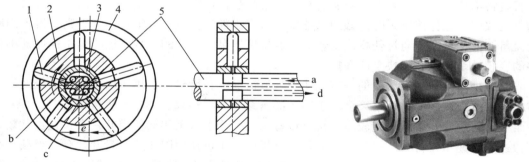

图 3-18　径向柱塞泵的工作原理图及外形
1—柱塞；2—缸体；3—衬套；4—定子；5—配油轴

改变径向柱塞泵转子和定子之间偏心量的大小，可以改变输出流量的大小；若改变偏心的方向，则可以使吸、压油腔互换，成为双向柱塞泵。

由于径向柱塞泵的柱塞在缸体中移动速度的变化，导致油泵的输出流量有脉动，当柱塞较多且为奇数时，流量脉动较小。

2．径向柱塞泵的特点

径向柱塞泵制造工艺简单，容易实现变量控制，工作压力较高，轴向尺寸小，便于做成多排柱塞的形式；但其径向尺寸大，自吸能力差，且配油轴受到径向不平衡液压力的作用，容易磨损，这些缺点限制了径向柱塞泵转速和压力的提高。

3.4.3　柱塞泵的特点及应用

前面所学的齿轮泵和叶片泵，由于受到容积效率和使用寿命的影响，一般只宜作中、低压油泵。柱塞泵是靠柱塞在缸体中做往复运动,使密封容积发生变化来实现吸油与压油的。由于构成密封容积的零件为圆柱形的柱塞和缸孔,加工方便,可达到较高的配合精度,密封性能好,在高压工作时仍有较高的容积效率。另外,只需改变柱塞的工作行程就能够改变油泵的输出流量,易于实现变量控制。由于柱塞泵压力高,结构紧凑,效率高,流量调节方便,故在需要高压、大流量、大功率的液压系统中和流量需要调节的场合得到了广泛的应用,如拉床、液压机、工程机械、矿山和冶金机械等。

3.5　液压泵的选用

3.5.1　液压泵的选择

在设计液压系统时,应根据所要求的工作情况合理地选择液压泵。通常首先是根据主机工况、功率大小和系统对其性能的要求来确定泵的形式,然后根据系统计算得出的最大工作压力和最大流量等确定其具体规格。同时还要考虑定量或变量、原动机类型、转速、容积效率、总效率、自吸特性、噪声等因素。这些因素通常在产品样本或手册中均有反映,应逐一仔细研究。不明之处应向货源单位或制造厂咨询。

液压泵产品样本中,标明了额定压力值和最高压力值,应按额定压力值来选择液压泵。只有在使用中有短暂超载场合,或样本中有特殊说明的范围,才允许按最高压力值选取液压泵,否则将影响液压泵的效率和寿命。在液压泵产品样本中,标明了每种泵的额定流量(或排量)的数值。选择液压泵时,必须保证该泵对应于额定流量的规定转速,否则将得不到所需的流量。要尽量避免通过任意改变转速来实现液压泵输油量的增减,这样做不但保证不了足够的容积效率,还会加快泵的磨损。

表 3-2 列出了常用液压泵的一些性能。一般情况下,齿轮泵多用于低压液压系统,叶片泵多用于中压液压系统,柱塞泵多用于高压液压系统。在轻载、小功率机械设备中,可采用齿轮泵、双作用叶片泵;精度较高的机械设备(如磨床)可采用双作用叶片泵;在负载较大并有快速和慢速工作行程的机械设备(如组合机床)中可使用限压式变量叶片泵;重载、大功率的机械设备(如龙门刨床、拉床)中的液压系统可采用柱塞泵;而机械设备的辅助装置,如送料、夹紧等不重要的地方,可使用价廉的齿轮泵。小功率场合选用定量泵,大功率场合选用变量泵较为合理。

表 3-2　常用液压泵性能比较

项目	齿轮泵	双作用叶片泵	限压式变量叶片泵	轴向柱塞泵	径向柱塞泵
输出压力/MPa	<20	6.3~20	≤7	20~35	10~20
排量/(mL/r)	2.5~210	2.5~237	10~125	2.5~915	0.25~188
流量调节	不能	不能	能	能	能
效率	低	较高	较高	高	高
流量脉动	很大	很小	一般	一般	一般
自吸特性	好	较差	较差	差	差

续表

项目	齿轮泵	双作用叶片泵	限压式变量叶片泵	轴向柱塞泵	径向柱塞泵
对油液的污染敏感性	不敏感	较敏感	较敏感	很敏感	很敏感
噪声	大	小	较大	大	大
单位功率造价	低	中等	较高	高	高
应用范围	机床、工程机械、农业机械、航空、船舶和一般机械	机床、注塑机、液压机、起重机械、工程机械	机床、注塑机	机床、液压机、船舶	机床、冶金机械、锻压机械、起重机械、工程机械、航空、船舶

3.5.2 液压泵的使用

使用液压泵时应注意以下事项：

（1）液压泵启动前，必须保证其壳体内已充满油液，否则液压泵会很快损坏，有的柱塞泵甚至会立即损坏。

（2）液压泵的吸油口和排油口的过滤器应进行及时清洗，由于污物阻塞会导致泵工作时的噪声大、压力波动严重或输出油量不足，并易使泵出现更严重的故障。

（3）应避免在油温过低或过高的情况下启动液压泵。油温过低时，由于油液黏度大会导致吸油困难，严重时会很快造成泵的损坏。油温过高时，油液黏度下降，不能在金属表面形成正常油膜，使润滑效果降低，泵内的摩擦副发热加剧，严重时会烧结在一起。

（4）液压泵的吸油管不应与系统回油管相连接，避免系统排出的热油未经冷却就直接吸入液压泵，使液压泵乃至整个系统油温上升，并导致恶性循环，最终使元件或系统发生故障。

（5）在自吸性能差的液压泵的吸油口设置过滤器，随着污染物的积聚，过滤器的压降会逐渐增加，液压泵的最低吸入压力将得不到保证，会造成液压泵吸油不足，出现振动及噪声，直至损坏液压泵。

（6）对于大功率液压系统，电动机和液压泵的功率都很大，工作流量和压力也很高，会产生较大的机械振动。为防止这种振动直接传到油箱而引起油箱共振，应采用橡胶软管来连接油箱和液压泵的吸油口。

思考与练习

1. 液压泵的排量、流量、额定压力、容积效率和总效率的含义是什么？
2. 简述容积式液压泵的工作原理。
3. 举例说明困油现象形成的原因是什么？有何危害？如何消除？

4. 为什么轴向柱塞泵适用于高压，而其他液压泵却不能？

5. 已知某液压泵的输出压力为 5 MPa，排量为 10 mL/r，机械效率为 0.95，容积效率为 0.9，转速为 1 200 r/min，试计算：

① 液压泵的总效率。

② 液压泵的输出功率。

③ 电动机的驱动功率。

项目4　液压执行元件

4.1　液压缸的类型及特点

液压缸又称为油缸，它是液压系统中的一种常用的执行元件，其作用是将油液的压力能转换成机械能，从而驱动运动部件做直线运动或摆动。由于液压缸结构简单，工作可靠，在机床及其他领域得到了广泛的应用。如用来驱动磨床、组合机床的进给运动；刨床、拉床的主运动；送料、夹紧、定位、转位等辅助运动。不同的应用场合，对液压缸的要求也不同，因此液压缸的类型很多。根据结构形式的不同，液压缸可以分为三大类：活塞式、柱塞式和摆动式，前两者实现直线往复运动，后者实现摆动运动。按作用方式的不同，液压缸又可分为单作用式和双作用式两种。单作用式液压缸中液压力只能使活塞（或柱塞）单向运动，反向运动则依靠外力（如弹簧力或自重）实现；双作用式液压缸可由液压力实现两个方向的运动。液压缸除单个使用外，还可以几个组合起来或与其他机构组合起来，以完成特殊的功用。

液压缸的种类繁多，其常见分类如表 4-1 所示。

表 4-1　液压缸的分类

分类	名称	符号	说明
单作用液压缸	单活塞杆液压缸		活塞仅单向受液压驱动,返回行程利用自重或负载将活塞推回
	双活塞杆液压缸		活塞的两侧都装有活塞杆,但只向活塞一侧供给压力油,返回行程通常利用弹簧力、重力或外力推回
	柱塞式液压缸		柱塞仅单向受液压驱动,返回行程通常是利用自重或负载将柱塞推回
	伸缩液压缸		柱塞为多段套筒形式，它以短缸获得长行程,用压力油从大到小逐节推出,靠外力由小到大逐节缩回
双作用液压缸	单活塞杆液压缸		单边有活塞杆,双向液压驱动,双向的推力和速度不相同
	双活塞杆液压缸		双边有活塞杆,双向液压驱动,可实现等速往复运动
	伸缩液压缸		套筒活塞可双向受液压驱动,伸出由大到小逐节推出,由小到大逐节缩回

续表

分类	名　称	符　号	说　明
组合式 液压缸	弹簧复位 液压缸		单向液压驱动，由弹簧力复位
	增压缸 （增压器）	A　　　B	由大、小两个油缸串联而成，由低压大缸 A 驱动，使小缸 B 获得高压油源
	齿条传动 液压缸		活塞的往复运动通过装配在一起的齿条驱动齿轮获得往复回转运动
摆动式 液压缸	摆动式 液压缸		输出轴直接输出扭矩，回转角度小于 360°

4.1.1　活塞式液压缸

活塞式液压缸有双杆式、单杆式和无杆式 3 种。按其安装方式又分为缸体固定和活塞杆固定两种。

1. 双杆活塞式液压缸

图 4-1 为双杆活塞式液压缸，其活塞两段都有活塞杆伸出。图 4-1（a）为缸体固定的双杆活塞式液压缸。它的缸体是固定的，工作台与活塞杆相连，进、出油口设在缸体的两端。当缸的左腔进油时，活塞带动工作台向右运动；反之，活塞带动工作台向左运动。这种安装方式的特点是，机床工作台的运动范围约等于活塞有效行程的 3 倍，占地面积较大，常用于中、小型设备，如各种磨床。

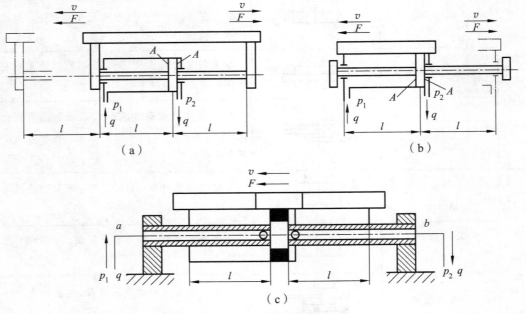

图 4-1　双杆活塞式液压缸

活塞杆固定的双杆活塞式液压缸中，液压缸的活塞杆固定，缸体与工作台相连，动力由缸体传出。当液压缸左腔进油，右腔回油时，缸体带动工作台向左移动；反之，工作台向右运动。进、出油口可设置在缸体的两端（这时必须使用软管连接），如图 4-1（b）所示，也可设置在固定不动的活塞杆的两端，使油液从空心的活塞杆中进出，如图 4-1（c）所示。这种液压缸工作台的移动范围约等于液压缸有效行程的 2 倍，因此占地面积小，但由于这种结构形式复杂，移动部分（缸体）的质量大，惯性大，所以只用于中型和大型机床。

双杆活塞式液压缸两端的活塞杆直径通常是相等的，因此它的左、右两腔的有效面积也相等。当分别向左、右腔输入相同压力和相同流量的油液时，液压缸左、右两个方向的推力和速度相等。推力 F 和速度 v 的计算式如下：

$$F = (p_1 - p_2)A = (p_1 - p_2)\frac{\pi}{4}(D^2 - d^2) \tag{4-1}$$

$$v = \frac{q}{A} = \frac{4q}{\pi(D^2 - d^2)} \tag{4-2}$$

式中　A——液压缸的有效面积；

D、d——活塞、活塞杆的直径；

q——输入液压缸的流量；

p_1、p_2——进油腔、回油腔压力。

双杆活塞式液压缸由于两端都有活塞杆，在工作时可以使活塞杆受拉力而不受压力，因此活塞杆可以做得比较细。

2. 单杆活塞式液压缸

如图 4-2 所示，单杆活塞式液压缸的活塞只有一端带活塞杆。这种液压缸也有缸体固定和活塞杆固定两种形式，它们的工作台移动范围是相同的，均为活塞有效行程的两倍，因此结构紧凑，应用广泛。

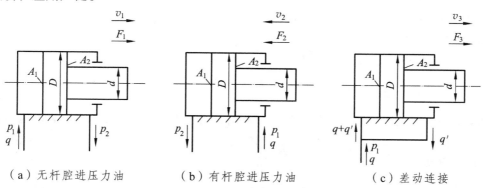

（a）无杆腔进压力油　　　（b）有杆腔进压力油　　　（c）差动连接

图 4-2　单杆活塞式液压缸

由于单杆活塞式液压缸只有一根活塞杆，所以活塞两端的有效作用面积不等，当供油压力、流量以及回油压力相同时，液压缸两个方向的推力和运动速度不相等。

（1）当无杆腔进油、有杆腔回油时，如图 4-2（a）所示。

$$F_1 = p_1 A_1 - p_2 A_2 = \frac{\pi}{4}\left[(p_1 - p_2)D^2 + p_2 d^2\right] \tag{4-3}$$

$$v_1 = \frac{q}{A_1} = \frac{4q}{\pi D^2} \tag{4-4}$$

（2）当有杆腔进油、无杆腔回油时，如图 4-2（b）所示。

$$F_2 = p_1 A_2 - p_2 A_1 = \frac{\pi}{4}\left[(p_1 - p_2)D^2 - p_1 d^2\right] \tag{4-5}$$

$$v_2 = \frac{q}{A_2} = \frac{4q}{\pi(D^2 - d^2)} \tag{4-6}$$

比较上述各式可见，因 $A_1 > A_2$，所以 $F_1 > F_2$，$v_1 < v_2$，即无杆腔进油工作时，推力大而速度低；有杆腔进油时，推力小而速度高。因此，单活塞杆液压缸常用于一个方向有较大负载但运行速度低，另一个方向为空载快速退回的设备上，如自卸汽车、压力机、注塑机等设备的液压系统。

（3）差动连接，如图 4-2（c）所示，当单杆活塞式液压缸两腔同时通入压力油时，由于无杆腔面积大于有杆腔面积，于是活塞受到的向右的推力大于向左的推力，故活塞向右运动。液压缸的这种连接方式称为差动连接。差动连接时，活塞的推力为

$$F_3 = pA_1 - pA_2 = p\frac{\pi}{4}d^2 \tag{4-7}$$

设差动连接后活塞向右运动的速度为 v_3，则从有杆腔中流出的油液流量为 $v_3 A_2$，由于这部分油液也和泵的油液一起流入无杆腔，故流入无杆腔的总流量为

$$v_3 A_1 = q + v_3 A_2$$

故差动连接时，活塞的运动速度为

$$v_3 = \frac{q}{A_1 - A_2} = \frac{4q}{\pi d^2} \tag{4-8}$$

由以上各式可知，液压缸差动连接时的推力比无杆腔进油时的推力 F_1 小，但速度 v_3 比 v_1 大。因此，单杆活塞式液压缸常用于实现"快进（差动连接）—工进（无杆腔进油）—快退（有杆腔进油）"工作循环的组合机床和各类专用设备的液压系统中。若要求快进、快退速度相等，即 $v_3 = v_2$，则需满足 $D = \sqrt{2}d$。

4.1.2 柱塞式液压缸

图 4-3（a）所示为柱塞式液压缸的结构简图。当压力油进入缸筒时，推动柱塞并带动运动部件向右移动。柱塞式液压缸都是单作用液压缸，只能做单向运动，其回程必须依靠其他外力或自重驱动，为了得到双向运动，柱塞式液压缸通常成对使用，如图 4-3（b）所示。

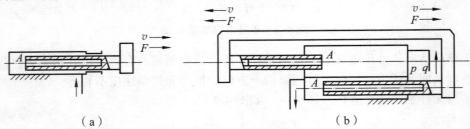

（a）   （b）

图 4-3 柱塞式液压缸的结构简图

柱塞式液压缸是由柱塞和导向套组成的，与缸筒无配合要求，缸筒内孔不需要进行精加工，甚至可以不加工。柱塞式液压缸的加工工艺性好，制造成本低。这种液压缸常用于长行程机床，如龙门刨床、导轨磨床等大行程设备中。

当输入压力为 p，流量为 q 时，柱塞式液压缸产生的推力 F 和速度 v 为

$$F = pA = \frac{\pi d^2}{4} p \tag{4-9}$$

$$v = \frac{q}{A} = \frac{4q}{\pi d^2} \tag{4-10}$$

式中　A ——液压缸的柱塞面积；
　　　D ——液压缸的柱塞直径。

4.1.3　摆动缸

摆动缸也称摆动液压马达，它的功能是将油液的压力能转变为叶片和输出轴往复摆动的机械能。摆动缸有单叶片式和双叶片式两种结构形式。

图 4-4 所示为摆动缸的结构简图，它由定子块、缸体、摆动轴和叶片等组成。定子块固定在缸体上，叶片与输出轴连为一体，当两油口交替通入压力油时，叶片即带动输出轴做往复摆动。单叶片摆动液压缸的摆角一般不超过 280°，双叶片摆动液压缸的摆角一般不超过 150°。

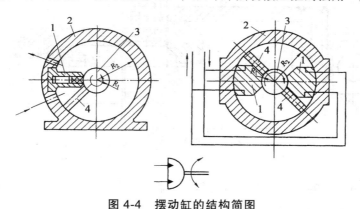

图 4-4　摆动缸的结构简图
1—定子块；2—缸体；3—摆动轴；4—叶片

摆动缸结构紧凑，输出转矩大，但密封困难，一般只用于机床的送料装置、回转夹具、工业机器人手臂的回转装置等中、低压系统中，以实现往复摆动、转位或间歇运动。

4.1.4　增压液压缸

增压液压缸将输入的低压油转变为高压油，供液压系统中的高压支路使用。其工作原理如图 4-5 所示，它由直径不同（D 和 d）的两个液压缸串联而成，大缸为原动缸，小缸为输出缸。设输入原动缸的压力为 p_1，输出缸的出油压力为 p_2，根据力平衡关系得

$$A_1 p_1 = A_2 p_2$$

推导得　　　　　$$p_2 = \frac{D^2}{d^2} p_1 \tag{4-11}$$

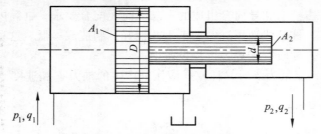

图 4-5 增压液压缸的结构简图

4.1.5 伸缩套筒式液压缸

伸缩套筒式液压缸由两级或多级活塞缸套装而成,如图 4-6 所示。其行程大而体积小,它有单作用柱塞式和双作用活塞式两种结构。由于各级套筒的有效面积不等,因此当压力油进入套筒缸的左腔时,各级套筒缸按直径大小,先大后小依次回缩。前一级缸的活塞就是后一级缸的缸筒,活塞伸出的顺序是从大到小,相应的推力也是由大变小,而速度则由慢变快。空载缩回的顺序一般是从小到大。

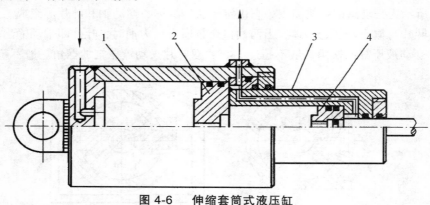

图 4-6 伸缩套筒式液压缸

1—一级缸筒;2—一级活塞;3—二级缸筒;4—二级活塞

伸缩套筒式液压缸的活塞杆伸出时行程大而收缩后长度尺寸小,多用于行走机械,如自卸汽车举升缸、起重机伸缩臂缸等。

4.1.6 齿轮液压缸

图 4-7 所示为齿轮液压缸,又称无杆活塞缸。它由带有齿条杆的双活塞缸和齿轮齿条机

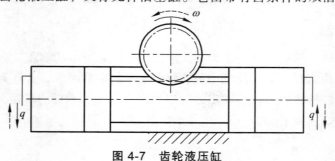

图 4-7 齿轮液压缸

构组成。其特点是将活塞的直线往复运动经过齿轮齿条机构转换成回转运动。齿轮液压缸常用于机械手、磨床的进给机构，回转工作台的转位机构和回转夹具等方面。

4.2 液压缸的结构

4.2.1 液压缸的典型结构

图 4-8 为双作用单杆活塞液压缸的结构。它主要由缸底 1、缸筒 6、活塞 4、活塞杆 7、缸盖 10 和导向套 8 等组成。缸筒一端与缸底焊接，另一端与缸盖采用螺纹连接。活塞与活塞杆采用卡键连接。为保证液压缸的可靠密封，在相应部位设置了密封圈 3、5、9、11 和防尘圈 12。

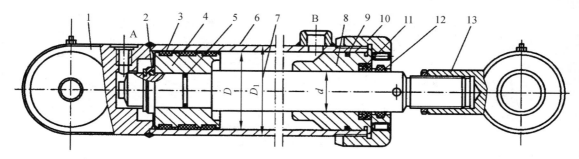

图 4-8 双作用单杆活塞液压缸的结构图
1—缸底；2—卡键；3，5，9，11—密封圈；4—活塞；6—缸筒；7—活塞杆；
8—导向套；10—缸盖；12—防尘圈；13—耳轴

从以上对液压缸典型结构的分析可以看出，液压缸是由缸体组件、活塞组件、密封装置、缓冲装置以及排气装置等组成的，它们的结构和性能直接影响到液压缸的工作质量和制造成本，下面分别予以介绍。

4.2.2 液压缸各部分的结构形式

从图 4-8 所示的液压缸结构中可以看到，液压缸的结构基本上可以分为缸筒、缸盖、活塞、活塞杆、密封装置、缓冲装置和排气装置几个部分，根据使用要求的不同，其结构也不一样。

1. 缸筒和缸盖的连接

一般来说，缸筒和缸盖的结构形式与其使用的材料有关。工作压力 $p < 10$ MPa 时，可使用铸铁；$p < 20$ MPa 时，一般使用无缝钢管；$p > 20$ MPa 时，常使用铸钢或锻钢。图 4-9 所示为缸筒和缸盖的常见结构形式。

图 4-9（a）所示为法兰连接式。其结构简单，容易加工，也容易拆，但外形尺寸和质量都较大，常用于铸铁制的缸筒上。

图 4-9（b）所示为半环连接式。它的缸筒壁部因开有环形槽而削弱了强度，为此有时需要加厚缸壁。这种结构容易加工和装拆，质量较轻，常用于无缝钢管或锻钢制的缸筒上。

图 4-9（c）所示为螺纹连接式。它有外螺纹连接和内螺纹连接两种形式，其特点是体积小、质量轻、结构紧凑，但缸筒端部结构较复杂，这种连接形式一般用于要求外形尺寸小、质量轻的场合。

图 4-9（d）所示为拉杆连接式。它结构简单，工艺性好，通用性强，但端盖的体积和质量较大，拉杆受力后会拉伸变长，影响密封效果。它只适用于长度不大的中、低压液压缸。

图 4-9（e）所示为焊接连接式。它强度高，制造简单，但焊接时易引起缸筒变形。

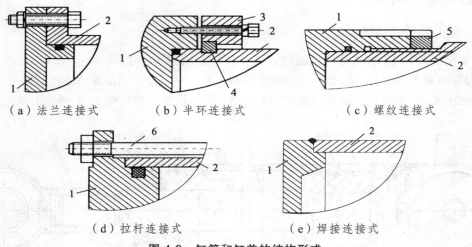

（a）法兰连接式　　　　（b）半环连接式　　　　（c）螺纹连接式

（d）拉杆连接式　　　　　　（e）焊接连接式

图 4-9　缸筒和缸盖的结构形式

1—缸盖；2—缸筒；3—压板；4—半环；5—防松螺帽；6—拉杆

2．活塞与活塞杆的连接

活塞与活塞杆连接的最常用形式有螺纹连接和半环连接，除此之外还有整体式结构、焊接式结构、锥销式结构等。图 4-10 是活塞与活塞杆的连接形式。

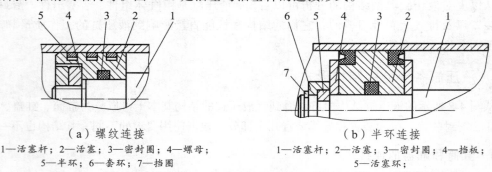

（a）螺纹连接　　　　　　　　　　（b）半环连接

1—活塞杆；2—活塞；3—密封圈；4—螺母；　　　1—活塞杆；2—活塞；3—密封圈；4—挡板；
5—半环；6—套环；7—挡圈　　　　　　　　　5—活塞环；

图 4-10　活塞与活塞杆的连接形式

螺纹连接如图 4-10（a）所示，它结构简单，装拆方便，但一般需备螺母防松装置。

半环连接如图 4-10（b）所示，它连接强度高，但结构复杂，装拆不便，半环连接多用于高压和振动较大的场合。

整体式连接和焊接式连接结构简单，轴向尺寸紧凑，但损坏后需整体更换。对于活塞与活塞杆比值较小、行程较短或尺寸不大的液压缸，其活塞与活塞杆可采用整体或焊接式连接。

3．密封装置

液压缸中的密封装置主要用来防止液压油的泄漏，良好的密封是液压缸传递动力、正常动作的保证。根据两个需要密封的耦合面间有无相对运动，可把密封分为动密封和静密封两大类。设计或选用密封装置的基本要求是具有良好的密封性能，并随压力的增加能自动提高密封性。除此以外，还要求密封装置摩擦阻力要小、耐油、抗腐蚀、耐磨、寿命长、制造简单、拆装方便。常见的密封方法有以下几种：

（1）间隙密封。间隙密封依靠相对运动零件配合面间的微小间隙来防止油液的泄漏，如图 4-11（a）所示。由环形缝隙轴向流动理论可知，泄漏量与间隙的三次方成正比，因此可以通过减小间隙的办法来减小泄漏。一般间隙为 0.01～0.05 mm，这就要求配合面要有很高的加工精度。

间隙密封的特点是结构简单、摩擦力小、耐用，但对零件的加工精度要求较高，且难以完全消除泄漏。故间隙密封只适用于低压、小直径的快速液压缸。

（2）活塞环密封。活塞环密封是依靠装在活塞环形槽内的弹性材料环紧贴缸筒内壁实现密封的，如图 4-11（b）所示。它的密封效果较间隙密封好，适用的压力和温度范围很宽，能自动补偿磨损和温度变化的影响，能在高速条件下工作，摩擦力小、工作可靠、寿命长，但不能完全密封。活塞环的加工复杂，缸筒内表面加工精度要求高，一般用于高压、高速和高温的场合。

（3）密封圈密封。密封圈密封是液压系统中应用最广泛的一种密封。密封圈有 O 形、V 形、Y 形等多种结构形式，其材料为耐油橡胶、尼龙、聚氨酯等。密封圈密封如图 4-11（c）和（d）所示。

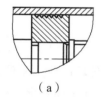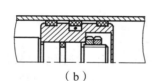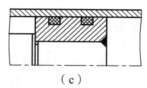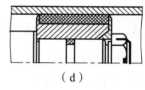

　　　（a）　　　　　　　（b）　　　　　　　（c）　　　　　　　（d）

图 4-11　密封装置

4. 缓冲装置

当液压缸所驱动负载的质量较大、速度较高时，一般应在液压缸中设缓冲装置，必要时还需要在液压传动系统中设缓冲回路，以免在行程终端发生过大的机械碰撞，导致液压缸损坏。缓冲的原理是当活塞或缸筒接近行程终端时，在排油腔内增大回油阻力，从而降低油缸的运动速度，避免活塞与缸盖相撞。液压缸中常用的缓冲装置如图 4-12 所示。

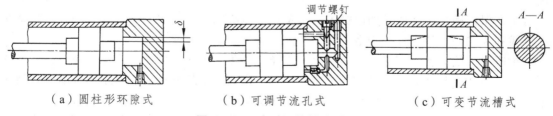

（a）圆柱形环隙式　　　　　（b）可调节流孔式　　　　　（c）可变节流槽式

图 4-12　液压缸的缓冲装置

图 4-12（a）所示为圆柱形环隙式缓冲装置。当缓冲柱塞进入与其相配的缸盖上的内孔时，孔中的液压油只能通过间隙 δ 排出，迫使活塞运动速度降低。

图 4-12（b）所示为可调节流孔式缓冲装置。由于节流阀是可调节的，因此缓冲效果也可调节。该缓冲装置在油缸运动速度减小后，缓冲作用也随之减弱。

图 4-12（c）所示为可变节流槽式缓冲装置。在缓冲柱塞上开有由浅到深的三角节流槽，节流面积随着缓冲行程的增大而逐渐减小，其缓冲压力变化平缓。

5．排气装置

液压缸在安装过程中或长时间停放时，液压缸内和管道系统中会渗入空气，为了防止执行元件出现爬行、噪声和发热等不正常现象，需要把液压缸和管路系统中的空气排出。一般可以在液压缸的最高处设置进、出油口把空气带走，也可以在最高处设置如图 4-13（a）所示的放气孔或专门的放气阀。放气孔和放气阀如图 4-13（b）和（c）所示。

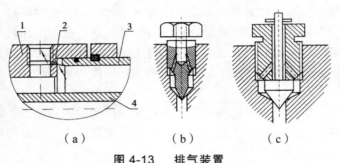

（a）   （b）   （c）

图 4-13   排气装置

1—缸盖；2—放气小孔；3—缸体；4—活塞杆

4.3   液压缸的设计与计算

液压缸的设计是整个液压系统设计的重要内容之一，由于液压缸是液压传动的执行元件，它和工作机构有直接的联系，对于不同的工作机构，液压缸具有不同的用途和工作要求。因此，在设计液压缸之前，应做好充分的调查研究，收集必要的原始资料和设计依据，包括工作机构的用途、性能和工作条件，工作机构的类型、结构特点、负载情况、行程大小和动作要求，液压缸所选定的工作压力和流量。

4.3.1   液压缸设计中应注意的问题

不同的液压缸有不同的设计内容和要求，一般在设计液压缸的结构时应注意下列几个问题：

（1）在保证满足设计要求的前提下，尽量使液压缸的结构简单紧凑，尺寸小，尽量采用标准形式和标准件，使设计、制造容易，装配、调整、维护方便。

（2）应尽量使活塞杆在受拉力的情况下工作，以免产生纵向弯曲，为此，在双杆活塞式液压缸中，活塞杆与支架连接处的螺栓紧固螺母应安装在支架外侧。对于单出杆活塞式液压缸来讲，应尽量使活塞杆在受拉状态下承受最大负载。

（3）当确定液压缸的固定形式时，须考虑缸体受热后的伸长问题，为此，缸体只应在一端用定位销固定，而让另一端能自由伸缩。双杆活塞式液压缸的活塞杆与支架之间不能采用刚性连接。

（4）当液压缸很长时，应防止活塞杆由于自重产生过大的下垂而使局部磨损加剧。

（5）应尽量避免用软管连接。

（6）液压缸结构设计完成后，应对液压缸的强度、稳定性进行验算、校核。

4.3.2　液压缸主要尺寸的确定

液压缸主要尺寸包括液压缸的内径 D、活塞杆直径 d 和液压缸的长度 L 等。

1. 液压缸工作压力的确定

液压缸的工作压力与负载大小和设备类型有关。一般情况下，负载越大，液压缸的工作压力越高，液压缸负载与工作压力的关系如表 4-2 所示。不同用途的液压设备，由于工作条件不同，采用的压力范围也不同（见表 4-3）。设计时可根据负载大小，参照液压设备的类型确定液压缸的工作压力。

表 4-2　液压缸负载与工作压力的关系

液压缸负载 F/kN	< 5	5 ~ 10	10 ~ 20	20 ~ 30	30 ~ 50	> 50
液压缸工作压力 p/MPa	< 0.8 ~ 1	1.5 ~ 2	2.5 ~ 3	3 ~ 4	4 ~ 5	≥ 5 ~ 7

表 4-3　各类液压设备常用的工作压力

设备类型	磨床	组合机床	车床、铣床、镗床	拉床	龙门刨床	农业机械、小型工程机械	液压机、重型机械、起重运输机械
工作压力 p/MPa	0.8 ~ 2	3 ~ 5	2 ~ 4	8 ~ 10	2 ~ 8	10 ~ 16	20 ~ 32

2. 缸筒内径 D 和活塞杆直径 d 的确定

缸筒内径 D 是根据液压缸负载 F 和选定的工作压力 p 来确定的。对于液压缸无杆腔 $A = \pi D^2 / 4$，对于有杆腔 $A = \pi(D^2 - d^2)/4$，由公式 $A = F/p$ 可得缸筒内径计算式。

无杆腔：
$$D = \sqrt{\frac{4F}{\pi d}} \qquad\qquad (4\text{-}12)$$

有杆腔：
$$D = \sqrt{\frac{4F}{\pi d} + d^2} \qquad\qquad (4\text{-}13)$$

对于活塞杆直径 d，可按工作时受力情况来确定，如表 4-4 所示。对于单杆活塞缸，d 值也可由 D 和往返速度比 $\lambda = v_2 / v_1$ 来确定（λ 值可参考表 4-5 确定）。最后将以上各式计算出的 D、d 按 GB/T 2348—2001 标准进行圆整。

表 4-4　液压缸活塞杆直径推荐值

活塞杆受力情况	受拉伸	受压缩，工作压力 p_1/MPa		
		$p_1 \leqslant 5$	$5 < p_1 \leqslant 7$	$p_1 > 7$
活塞杆直径	$(0.3 \sim 0.5)D$	$(0.5 \sim 0.55)D$	$(0.6 \sim 0.7)D$	$0.7D$

表 4-5 液压缸工作压力与速度比的对照表

液压缸工作压力 p/MPa	<10	12.5~20	>20
液压缸往返速度比 λ	1.33	1.46~2	2

3. 强度校核

（1）缸筒壁厚 δ 的校核。

中低压系统中的液压缸，其缸筒壁厚 δ 可根据结构工艺要求来确定，其强度通常不必校核。但在工作压力较高且缸筒直径较大时，则必须对壁厚进行强度校核，强度验算分薄壁和厚壁两种情况。

当 $D/d \geqslant 10$ 时，可按薄壁筒公式进行验算，即

$$\delta \geqslant \frac{p_y D}{2[\sigma]} \tag{4-14}$$

当 $D/d < 10$ 时，可按厚壁筒公式校核，即

$$\delta \geqslant \frac{D}{2}\left(\sqrt{\frac{[\sigma] + 0.4 p_y}{[\sigma] - 1.3 p_y}} - 1\right) \tag{4-15}$$

式中　D ——缸筒内径；

　　　p_y ——缸筒试验压力，当缸筒的额定压力 $p_n < 16$ MPa 时，取 $p_y = 1.5 p_n$；而当 $p_n > 16$ MPa 时，取 $p_y = 1.25 p_n$；

　　　$[\sigma]$ ——缸筒材料的许用应力。

（2）活塞杆直径的校核。

活塞杆主要承受拉、压作用力，其校核公式为

$$d \geqslant \sqrt{\frac{4F}{\pi[\sigma]}} \tag{4-16}$$

式中　F ——活塞杆上的作用力；

　　　$[\sigma]$ ——活塞杆材料的许用应力，$[\sigma] = \sigma_b / n$，σ_b 为活塞杆材料的抗拉强度；

　　　n ——安全系数，一般取 $n > 1.4$。

对于活塞杆受压且计算长度 $l \geqslant 10d$ 的情况，为避免因活塞杆受到的压缩负载力 F 超过某一临界负载值而失去稳定性，要按材料力学中的有关公式进行稳定性验算。

4. 液压缸其他部位尺寸的确定

液压缸缸筒长度是根据所需的最大工作行程和结构上的需要而定的，从制造工艺考虑，一般不大于其内径的 20 倍。通常活塞宽度为 $(0.1 \sim 0.6)D$；活塞杆导向长度为 $(0.6 \sim 1.5)d$。

4.4　液压马达

液压马达与液压缸一样，也是液压系统中的执行元件。二者不同之处在于液压马达是把液压能转换成连续回转运动和转矩，而液压缸是把液压能转换成直线运动和力。液压马达与

项目 3 介绍的液压泵在结构上是基本相同的，就工作原理而言，它们都是依靠工作密封腔容积的变化来工作的，因此二者是互逆的。但由于二者的任务和要求不同，所以在实际结构上存在某些差别，使之不能通用，只有少数泵能作为液压马达使用，反之也一样。

4.4.1　液压马达的工作原理

1．叶片马达的工作原理

图 4-14 为叶片液压马达的工作原理图。当压力为 p 的油液从进油口进入叶片 1 和 3 之间时，叶片 2 因两面均受液压油的作用所以不产生转矩。叶片 1、3 上，一面作用有压力油，另一面为低压油。由于叶片 3 伸出的面积大于叶片 1 伸出的面积，因此作用于叶片 3 上的总液压力大于作用于叶片 1 上的总液压力，于是压力差使转子产生顺时针的转矩。同样的道理，压力油进入叶片 5 和 7 之间时，叶片 7 伸出的面积大于叶片 5 伸出的面积，也产生顺时针转矩。这样，就把油液的压力能转变成了机械能，这就是叶片马达的工作原理。当输油方向改变时，液压马达就反转。

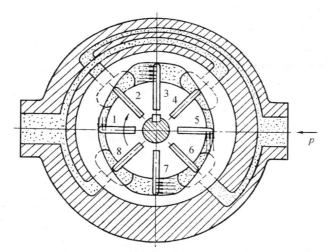

图 4-14　叶片液压马达的工作原理图
1 ～ 8—叶片

当定子的长、短径差值越大，转子的直径越大，以及输入的压力越高时，叶片马达输出的转矩也越大。

叶片马达的体积小，转动惯量小，因此动作灵敏，可适应的换向频率较高；但泄漏较大，不能在很低的转速下工作。因此，叶片马达一般用于转速高、转矩小和动作灵敏的场合。

2．轴向柱塞马达的工作原理

轴向柱塞马达的结构形式基本上与轴向柱塞泵一样，故其种类与轴向柱塞泵相同，也分为直轴式（斜盘式）轴向柱塞马达和斜轴式轴向柱塞马达两类。图 4-15 为斜盘式轴向柱塞马达的工作原理图，其中倾斜盘 1 和配油盘 4 是固定不动的，转子缸体 2 与液压马达传动轴 5 相连并一起转动，倾斜盘的中心线与转子缸体的轴线相交一个倾斜角 δ。当压力油通过配油盘的进油窗口输入到缸体的柱塞孔时，处于高压区的各个柱塞，在压力油的作用下，顶在倾斜盘的端面上。倾斜盘给每个柱塞的反作用力 F 是垂直于倾斜盘端面的，该反作用力可分解为两个分力：一个为水平分力 F_x，它和作用在柱塞上的液压推力相平衡；另一个为垂直分力 F_y。这两个分力分别由下式求得

$$F_x = \frac{\pi}{4}d^2 p$$

$$F_y = F_x \tan\delta = \frac{\pi}{4}d^2 p \tan\delta$$

式中　d ——柱塞直径；

　　　p ——输入液压马达的油液压力；

　　　δ ——倾斜盘的倾斜角。

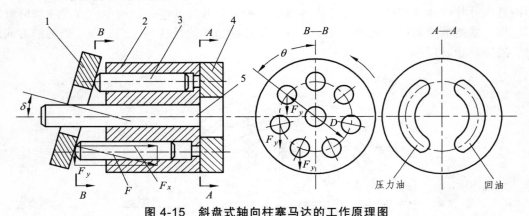

图 4-15　斜盘式轴向柱塞马达的工作原理图
1—倾斜盘；2—转子缸体；3—柱塞；4—配油盘；5—马达传动轴

垂直分力 F_y 使处于压油区的每个柱塞都对转子中心产生一个转矩，这些转矩的总和使缸体带动液压马达输出轴做逆时针方向旋转。若使进、回油路交换，即改变输油方向，则液压马达的旋转方向也随之改变。如果改变斜盘倾角的大小，便可以改变排量，而成为变量马达。

3. 液压马达的结构特点

液压马达是把液体的压力能转换为机械能的装置。从原理上讲，液压泵可以作液压马达用，液压马达也可作液压泵用。但事实上同类型的液压泵和液压马达虽然在结构上相似，但由于两者的工作情况不同，使得两者在结构上也有某些差异。

① 液压马达一般需要正、反转，所以在内部结构上应具有对称性；而液压泵一般是单方向旋转的，对结构没有这一要求。

② 为了减小吸油阻力，一般液压泵的吸油口比出油口的尺寸大。而液压马达低压腔的压力稍高于大气压力，所以没有上述要求，进、出油口一般做成一样大小。

③ 叶片泵依靠叶片跟转子一起高速旋转而产生的离心力使叶片始终贴紧定子的内表面，起封油作用，形成工作容积。若将其当作液压马达用，必须在液压马达的叶片根部装上弹簧或施加液压力，以保证叶片始终贴紧定子内表面，以便液压马达能够正常启动。

④ 液压泵在结构上需保证具有自吸能力，而液压马达没有这一要求。通常液压马达有外接的泄油管。

⑤ 液压马达必须具有较大的启动扭矩。所谓启动扭矩，就是液压马达由静止状态启动时，马达轴上所能输出的扭矩，该扭矩通常大于在同一工作压差时处于运行状态下的扭矩。所以，为了使启动扭矩尽可能接近工作状态下的扭矩，要求液压马达扭矩的脉动小，内部摩擦小。

由于液压马达与液压泵具有上述不同的特点，使得很多类型的液压马达和液压泵不能互逆使用。

4.4.2　液压马达的主要参数

1. 工作压力和额定压力

液压马达输入油液的实际压力称为工作压力 p，与液压泵一样，工作压力取决于负载。液压马达进、出口压力之差称为工作压差。当液压马达的出口直接接油箱时，液压马达的工作压力就近似等于工作压差 Δp。

额定压力是指液压马达在正常工作条件下，按试验标准规定连续运转的最高压力。

2. 排量、转速、流量及容积效率

液压马达的排量 V 是指在无泄漏情况下，使液压马达轴转一周所需输入的液体体积。排量取决于密封工作腔的几何尺寸，而与转速 n 无关。

液压马达入口处的流量称为马达的实际流量 q。由于马达内部存在泄漏，因此实际输入马达的流量 q 大于理论流量 q_t，实际流量 q 与理论流量 q_t 之差即为马达的泄漏量 Δq。液压马达理论流量与实际流量之比称为液压马达的容积效率 η_V，即

$$\eta_V = \frac{q_t}{q} = \frac{q - \Delta q}{q} = 1 - \frac{\Delta q}{q} \tag{4-17}$$

液压马达的转速 n、排量 V、流量（理论流量 q_t 及实际流量 q）及容积效率 η_V 之间的关系为

$$n = \frac{q_t}{V} = \frac{q\eta_V}{V} \tag{4-18}$$

3. 转矩与机械效率

液压马达的输出转矩称为实际输出转矩 T。由于马达内部存在各种摩擦损失，使实际输出的转矩 T 小于理论转矩 T_t，理论转矩 T_t 与实际输出转矩 T 之差即为损失转矩 ΔT。实际输出转矩与理论转矩之比称为液压马达的机械效率，即

$$\eta_m = \frac{T}{T_t} \tag{4-19}$$

4. 功率与总效率

液压马达的实际输入功率 P_i 为

$$P_i = \Delta p q \tag{4-20}$$

液压马达的输出功率 P_o 为

$$P_o = 2\pi T n \tag{4-21}$$

马达的输出功率与输入功率之比即为液压马达的总效率，考虑式（4-20）与式（4-21），得到总效率 η 的表达式为

$$\eta = \frac{P_{\mathrm{o}}}{P_{\mathrm{i}}} = \frac{2\pi nT}{\Delta pq} = \frac{2\pi nT_{\mathrm{t}}\eta_{\mathrm{m}}}{\Delta p \dfrac{q_{\mathrm{t}}}{\eta_{\mathrm{v}}}} = \frac{2\pi nT_{\mathrm{t}}}{\Delta pq_{\mathrm{t}}}\eta_{\mathrm{v}}\eta_{\mathrm{m}} = \eta_{\mathrm{v}}\eta_{\mathrm{m}} \qquad (4\text{-}22)$$

式（4-22）表明，液压马达的总效率 η 等于容积效率 η_{v} 与机械效率 η_{m} 的乘积。

对于液压马达的输出转矩和转速，可按下式计算：

$$T = \frac{\Delta pV}{2\pi}\eta_{\mathrm{m}} \qquad (4\text{-}23)$$

$$n = \frac{q}{V}\eta_{\mathrm{v}} \qquad (4\text{-}24)$$

由式（4-23）、式（4-24）可知，当液压马达的结构尺寸确定以后，其输出转矩的大小取决于输入马达油压的高低，而输出转速的高低则取决于马达输入流量的大小。

思考与练习

1. 已知单杆活塞式液压缸的内径 $D = 50\ \mathrm{mm}$，活塞杆直径 $d = 35\ \mathrm{mm}$，泵供油量为 $8\ \mathrm{L/min}$，试求：

（1）液压缸差动连接时的运动速度；

（2）若液压缸在差动阶段所能克服的外负载 $F = 1\,000\ \mathrm{N}$，无杆腔内油液压力该有多大（不计管路压力损失）？

2. 设计一单杆液压缸，已知外负载 $F = 2\times10^{4}\ \mathrm{N}$，活塞和活塞杆处的摩擦阻力 $F_{\mu} = 12\times10^{2}\ \mathrm{N}$，液压缸的工作压力为 $5\ \mathrm{MPa}$，试计算：

（1）液压缸的内径 D；

（2）若活塞最大工作进给速度为 $4\ \mathrm{cm/s}$，系统的泄漏损失为 10%，应选取多大流量的泵？

3. 如图4-16所示，两结构尺寸相同的液压缸串联，$A_1 = 100\ \mathrm{cm}^2$，$A_2 = 80\ \mathrm{cm}^2$，$p_1 = 9\times10^5\ \mathrm{MPa}$，$q_1 = 12\ \mathrm{L/min}$。若不计摩擦损失和泄漏，试求：

（1）两缸负载 $F_1 = F_2 = F$ 时，两缸的负载和速度各为多少？

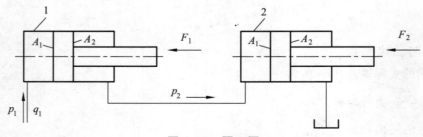

图 4-16 题 3 图

（2）缸 2 的输入压力 p_2 是缸 1 输入压力的一半时，两缸各能承受多少负载？

（3）缸 1 不承受负载时，缸 2 能承受多少负载？

4. 设计一单杆液压缸，用以实现"快进—工进—快退"工作循环，且快进与快退的速度相等，均为 5 m/min，采用额定流量为 25 L/min、额定压力为 6.3 MPa 的定量泵供油。若不计摩擦损失，试计算：

（1）液压缸内径 D 和活塞杆直径 d；

（2）当外负载为 25 000 N 时，液压缸的工进压力为多少？

项目 5　液压控制元件

5.1　概　述

液压控制阀简称液压阀，是液压系统中控制油液压力、流量及流动方向的液压元件。液压控制阀的种类繁多，功能各异，是组成液压系统的重要元件。

5.1.1　液压阀的分类

液压控制阀可按以下特征进行分类：

1. 按用途分类

液压阀按用途可分为：方向控制阀（如单向阀、换向阀等）、压力控制阀（如溢流阀、减压阀、顺序阀等）、流量控制阀（如节流阀、调速阀等）。这 3 类阀可以相互组合成为复合阀，以减少管路连接，使结构更加紧凑，如单向顺序阀等。

2. 按操纵方式分类

液压阀按操纵方式可分为：手动式液压阀、机动式液压阀、电动式液压阀、液动式液压阀和电液动式液压阀等。

3. 按控制方式分类

液压阀按控制方式可分为：定值或开关控制阀、电液比例控制阀、电液伺服控制阀和数字阀等。

4. 按连接方式分类

液压阀按安装连接方式可分为：管式（螺纹式）连接阀、板式连接阀、叠加式连接阀和插装式连接阀等。

5.1.2　对液压阀的基本要求

液压传动系统对液压阀的基本要求如下：

（1）动作灵敏、工作可靠、工作时冲击和振动小；

（2）密封性能好，内泄漏少，无外泄漏；

（3）油液流动时压力损失小；

（4）结构紧凑，安装、调试和维护方便，通用性好。

5.2　方向控制阀

方向控制阀控制的是液压系统中油液流动的方向，它对系统中支路的液流进行通、断或方向切换，以满足工作要求。方向控制阀种类繁多，分类如图 5-1 所示。在方向控制阀中，应用最广泛的是单向阀和换向阀。

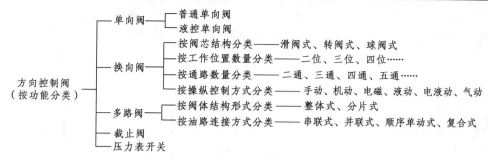

图 5-1　方向控制阀的分类

5.2.1　单向阀

单向阀可分为普通单向阀和液控单向阀两种。

1. 普通单向阀

普通单向阀（简称单向阀）的作用是控制油液只能向一个方向流动，反向流动则截止，故又称止回阀。对单向阀的基本要求是：正向导通时压力损失小，反向截止时密封性能好。

图 5-2 所示为单向阀的结构。单向阀的主要组成部分是：阀体、阀芯和弹簧。当压力油从 P_1 口进入单向阀时，克服弹簧 3 作用在阀芯 2 上的力，使阀芯向右移动，打开阀口，并通过阀芯上的径向孔、轴向孔从阀体右端的通口 P_2 流出；当压力油从 P_2 流入时，油压以及弹簧力将阀芯压紧在阀体 1 上，使阀口关闭，油液无法从 P_2 口流向 P_1 口。

单向阀弹簧的刚度一般选得较小，阀的正向开启压力一般为 0.03 ~ 0.05 MPa。如采用刚度较大的弹簧，使其开启压力达 0.3 ~ 0.6 MPa，可用作背压阀。

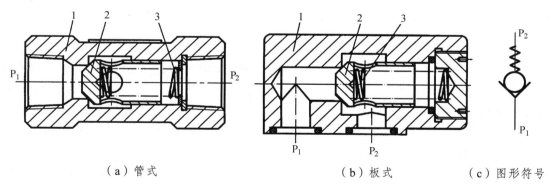

（a）管式　　　　　　　　　（b）板式　　　　　　（c）图形符号

图 5-2　单向阀

1—阀体；2—阀芯；3—弹簧

2. 液控单向阀

液控单向阀是一种特殊的单向阀，它除了能够实现普通单向阀的功能外，还可以根据工作需要由外部油压控制，实现油液反向流动。

液控单向阀的工作原理如图 5-3 所示。与普通单向阀相比，液控单向阀增加了一个控制活塞 1 及控制口 K。当控制口 K 没有通入控制压力油时，它的工作原理与普通单向阀完全相同，即油液从 P_1 流向 P_2，为液控单向阀的正向流动；当控制口 K 中通入控制压力油时

（所需的控制油压一般为主油路压力的 30%～50%），使控制活塞 1 顶开锥阀芯 3，实现油液从 P_2 到 P_1 腔的流动，为液控单向阀的反向开启状态。液控单向阀的图形符号如图 5-3（b）所示。

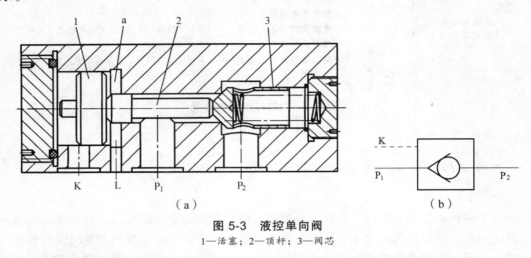

图 5-3　液控单向阀

1—活塞；2—顶杆；3—阀芯

液控单向阀主要用于：锁紧液压缸；防止立置液压缸因自重下落；液压系统的保压与释压；用作充液阀，构成充液回路。

5.2.2　换向阀

换向阀是利用改变阀芯与阀体的相对位置，控制相应油路的接通、切断或换向，从而实现对执行元件运动方向的控制。换向阀阀芯的结构形式有：滑阀式、转阀式和锥阀式等，其中滑阀式阀芯应用最为广泛。

1. 换向阀的换向原理

图 5-4 所示为滑阀式换向阀的工作原理。当阀芯移到右端时[见图 5-4（a）]，泵的流量流向 A 口，液压缸左腔进油，右腔回油，活塞便向右运动。阀芯在中间位置时[见图 5-4（b）]，流体的全部通路均被切断，活塞不运动。当阀芯移到左端时[见图 5-4（c）]，泵的流量流向 B 口，液压缸右腔进油，左腔回油，活塞便向左运动。因而通过阀芯移动可实现执行元件的正、反向运动或停止。

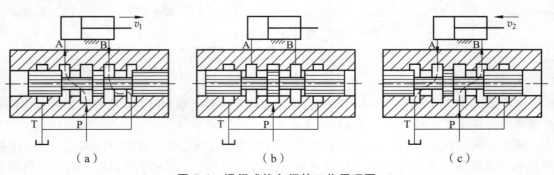

图 5-4　滑阀式换向阀的工作原理图

2. 换向阀的分类

按换向阀的操作方式不同，换向阀可分为：手动换向阀、机动换向阀、电动换向阀、液动换向阀和电液动换向阀等类型。图 5-5 为换向阀的操纵方式简化符号。

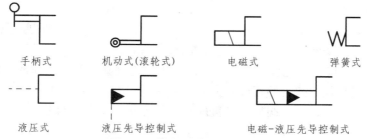

手柄式　　　机动(滚轮式)　　　电磁式　　　弹簧式

液压式　　液压先导控制式　　　电磁-液压先导控制式

图 5-5　换向阀的操纵方式

换向阀按阀芯在阀体内的工作位置数和换向阀所控制的油口通路数分为：二位二通、二位三通、二位四通、二位五通等类型（见表 5-1）。不同的位数和通路数是由阀体上的沉割槽和阀芯上台肩的不同组合形成的。将五通阀的两个回油口 T_1 和 T_2 沟通成一个油口 T，便可成为四通阀。

表 5-1　滑阀式换向阀的常见结构形式

名称	原理图	图形符号	适用场合	
二位二通阀			控制油路的接通与切断（相当于一个开关）	
二位三通阀			控制液流方向（从一个方向变换成另一个方向）	
二位四通阀			不能使执行器在任一位置上停止运动	执行器正、反向运动时回油方式相同
三位四通阀			能使执行器在任一位置上停止运动	控制执行器换向
二位五通阀			不能使执行器在任一位置上停止运动	执行器正、反向运动时可以得到不同的回油方式
三位五通阀			能使执行器在任一位置上停止运动	

3. 换向阀的符号表示

表 5-1 列出了几种常用滑阀式换向阀的结构原理图以及与之相对应的图形符号，现对换向阀的图形符号做以下说明：

（1）用方格数表示阀的工作位置数，3 格即 3 个工作位置。

（2）在一个方格内，箭头或堵塞符号"⊥"与方格相交点数为油口通路数。箭头表示两油口相通，并不表示实际流向；"⊥"表示该油口不相通。

（3）P 表示进油口，T 表示回油口，A 和 B 表示连接其他两个工作油路的油口。

（4）控制方式和复位弹簧的符号画在方格的两侧。

（5）三位阀的中位，二位阀靠有弹簧的那一位为常态位置。绘制液压系统图时，换向阀的符号与油路的连接应画在常态位上。

4. 三位换向阀的中位机能

三位换向阀中位时各油口的连通方式称为中位机能。中位机能不同的同规格阀，其阀体通用，仅阀芯台肩结构、尺寸及内部通孔情况不同。表 5-2 列出了常用的几种三位阀中位机能的结构原理、机能代号、图形符号及技能特点和作用。

表 5-2　三位四通换向阀常用的中位机能、滑阀状态、中位符号及应用

形式	中位符号	中位油口及应用
O		P、A、B、T 4 个油口全封闭 液压缸闭锁，可用于多个换向阀并联工作
H		P、A、B、T 口全通 活塞浮动，在外力作用下可移动，油泵卸荷
Y		P 封闭，A、B、T 相通 活塞浮动，在外力作用下可移动，油泵不卸荷
K		P、A、T 口相通，B 口封闭 活塞处于闭锁状态，油泵卸荷
M		P、T 口相通，A 与 B 口封闭 活塞闭锁不动，油泵卸荷，也可用多个 M 形换向阀并联工作
X		4 个油口都处于半开启状态 油泵基本上卸荷，但仍保持一定压力
P		P、A、B 口相通，T 封闭 油泵与缸两腔相通，可组成差动回路
J		P、A 封闭，B 与 T 相通 活塞停止，但在外力作用下可向一边移动
C		P 与 A 相通；B 与 T 封闭 活塞处于停止位置
U		P 与 T 封闭，A 与 B 相通 活塞浮动，在外力作用下可移动，油泵不卸荷

三位阀中位机能不同，处于中位时其对系统的控制性能也不相同。在分析和选择时，通常需考虑执行元件的换向精度和平稳性要求；是否需要保压或卸荷；是否需要"浮动"或可以在任意位置停止等。

（1）系统保压与卸荷。阀在中位时，当 P 口被堵塞（如 O 形、Y 形），系统保压，液压泵能向多缸系统或其他执行元件供压力油；当 P 口与 T 口接通时（如 H 形、M 形），系统卸荷，可节约能量，但不能与其他缸并联用。

（2）换向平稳性和精度。阀在中位，当液压缸的 A、B 两口都堵塞时（如 O 形、M 形），换向过程不平稳，易产生液压冲击，但换向精度高；反之，A、B 两口都与 T 口连通时（如 H 形、Y 形），换向平稳，冲击小，但换向前冲量大，换向位置精度不高。

（3）液压缸"浮动"和在任意位置停止。阀在中位，当 A、B 两口互通时（如 H 形、Y 形），卧式液压缸呈"浮动"状态，可利用其他机构移动工作台，调整位置；当 A、B 两口封闭或与 P 口连接（非差动情况）时，液压缸可在任意位置停止并被锁住。

5. 几种常用的换向阀

（1）手动换向阀。

手动换向阀是利用手动杠杆来改变阀芯位置实现换向的，图 5-6（b）所示为弹簧自动复位式手动换向阀的结构和图形符号。放开手柄，阀芯 3 在弹簧 4 的作用下自动回复中位。该换向阀适用于动作频繁、工作持续时间短的场合，操作比较安全，常用于工程机械的液压传动系统中。

如果将该换向阀阀芯左端弹簧改为图 5-6（a）所示的可自动定位的结构形式，阀芯可借助钢球 5 保持在左端或右端的工作位置上，即成为在 3 个位置上定位的弹簧钢球定位式手动换向阀。该换向阀适用于机床、液压机、船舶等需要保持工作状态时间较长的液压系统。

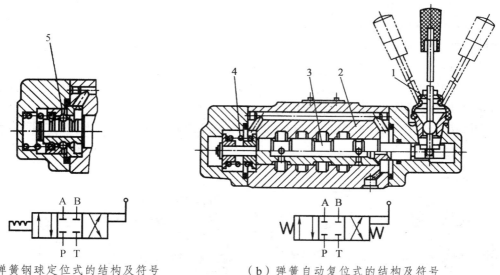

（a）弹簧钢球定位式的结构及符号   （b）弹簧自动复位式的结构及符号

图 5-6   手动换向阀（三位四通）
1—操纵手柄；2—阀体；3—阀芯；4—弹簧；5—钢球

（2）机动换向阀。

机动换向阀又称行程阀，它主要用于控制机械运动部件的位置。机动换向阀借助安装在工作台上的挡铁或凸轮来迫使换向阀阀芯移动，从而控制油液的流动方向。机动换向阀通常是二位的，有二通、三通、四通和五通几种形式，其中二位二通机动换向阀又分为常闭和常开两种。图 5-7（a）所示为滚轮式二位三通机动换向阀。在图示位置，阀芯 2 被弹簧 1 压向上端，油腔 P 和 A 通，B 口关闭。当挡铁 5 压住滚轮 4，使阀芯 2 移动到下端时，油腔 P 和 A 断开，P 和 B 接通，A 口关闭。图 5-7（b）所示为机动换向阀的职能符号。

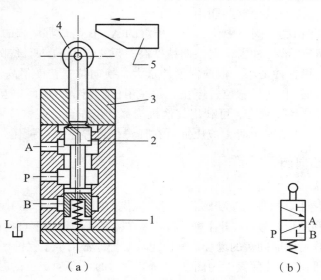

图 5-7　机动换向阀
1—弹簧；2—阀芯；3—阀盖；4—滚轮；5—挡铁

（3）电磁换向阀。

电磁换向阀是利用电磁铁通电时产生的推力，使阀芯在阀体内做相对运动实现换向阀的换向动作。这类阀操纵方便，布局布置灵活，易实现动作转换的自动化，因此应用最广泛。电磁换向阀通常由 AC 220 V 或 DC 24 V 电磁铁驱动，可以由按钮开关、行程开关、压力继电器等元件发出的信号进行控制，也可以由计算机、可编程序控制器（PLC）等控制装置发出的信号进行控制，其使用十分广泛。

图 5-8（a）为其结构原理图。阀的两端各有一个电磁铁和一个对中弹簧。阀芯在常态时处

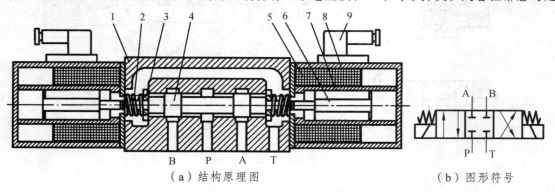

（a）结构原理图　　　　　　　　　　（b）图形符号

图 5-8　三位四通电磁换向阀
1—阀体；2—弹簧；3—弹簧座；4—阀芯；5—线圈；6—衔铁；7—隔套；8—壳体；9—插头组件

于中位。当右端电磁铁通电时，右衔铁 6 通过推杆将阀芯 4 推至左端，阀右位工作，油口 P 通 B、A 通 T；当左端电磁铁通电时，阀芯移至右端，阀左位工作，油口 P 通 A、B 通 T。图 5-8（b）为其图形符号。

电磁换向阀中以二位、三位及二通、三通、四通和五通阀居多。根据其使用用途的不同，可以分为弹簧复位式和无弹簧式。按电磁铁使用电源的不同，可以分为交流和直流两种。按电磁铁的铁心和线圈是否浸油又可以分为干式电磁铁式和湿式电磁铁式。由于电磁铁推力有限，电磁换向阀仅适用于流量不大的场合。

（4）液动换向阀。

液动换向阀是通过外部提供的压力油驱动换向阀芯换向。电磁换向阀布置灵活，易实现程序控制，但受电磁铁尺寸限制，难以用于切换大流量（63 L/min 以上）的油路。当阀的通径大于 10 mm 时，常用压力油操纵阀芯换位。这种利用控制油路的压力油推动阀芯改变位置的阀，即为液动换向阀。

图 5-9（a）为三位四通液动换向阀的结构原理图，当其两端控制油口 K_1 和 K_2 均不通入压力油时，阀芯在两端弹簧的作用下处于中位（图示位置）；当 K_1 进压力油、K_2 接油箱时，阀芯移至右端，阀左位工作，其通油状态为 P 通 A、B 通 T；反之，当 K_2 进压力油、K_1 接油箱时，阀芯移至左端，阀右位工作，其通油状态为 P 通 B、A 通 T。图 5-9（b）为其图形符号。

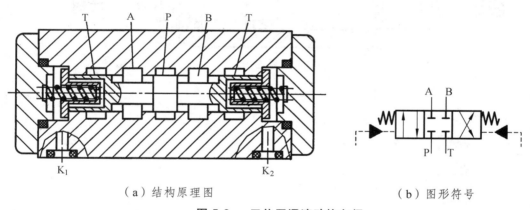

（a）结构原理图   （b）图形符号

图 5-9 三位四通液动换向阀

（5）电液换向阀。

电液换向阀是由电磁阀和液动换向阀组合而成的一种组合式换向阀。在电液换向阀中，电磁阀起先导控制作用（称先导阀），液动阀控制主油路换向（称主阀）。其结构如图 5-10（a）所示。

电液动换向阀是由作为先导控制阀的小规格电磁换向阀与作为主控制阀的大规格液动换向阀组合在一起的换向阀。它驱动主阀芯的信号来自于电磁换向阀的控制压力油。由于控制压力油的流量较小，故实现了小容量电磁换向阀控制大规格液动换向阀的阀芯换向。在大流量液压系统中，通常采用液动换向阀和电液动换向阀来完成换向动作。

电液换向阀工作原理可用详细图形符号加以说明，如图 5-10（b）所示。

常态时，先导阀和主阀皆处于中位，主油路中 A、B、P、T 油口均不相通。

当左电磁铁通电时，先导阀左位工作，控制油由 K 经先导阀到主阀芯左端油腔，操纵主阀芯右移，使主阀也切换至左位工作，主阀芯右端油腔回油经先导阀及泄油口 L 流回油箱。此时，主油路口 P 与 A 相通、B 与 T 相通。

同理，当先导阀右电磁铁通电时，主油路油口换接，P 与 B 相通、A 与 T 相通，实现了油液换向。

图 5-10（c）所示为三位四通电液换向阀的简化符号。除了以上这些常见的换向阀外，还有一种能够控制多个液压执行机构，集换向阀、单向阀、安全阀、制动阀等于一体的多功能手动换向阀，称之为多路换向阀。它通常用在如工程机械这种要求集中操纵多个执行元件的行走设备中，使液压系统结构紧凑、管路简单、压力损失小。

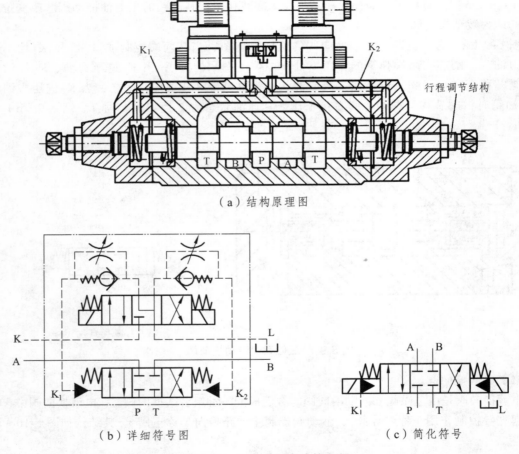

（a）结构原理图

（b）详细符号图　　　　　　　　　　（c）简化符号

图 5-10　三位四通电液换向阀

5.2.3　方向控制阀常见故障及排除方法

1．单向阀常见故障及排除方法

单向阀常见故障有：发生异常声音、阀芯与阀座孔间有严重泄漏、不起单向作用及阀结合处泄漏等。产生这些故障的原因及排除方法如表 5-3 所示。

表 5-3　单向阀常见故障及排除方法

故障现象	故障原因	排除方法
发生异常声音	油的流量超过允许值	更换流量大的阀
	与其他阀共振	可略微改变阀的额定压力，也可调试弹簧的强弱
	在卸压单向阀中，用于立式大液压缸等的回路，没有卸压装置	补充卸压装置回路
阀芯与阀座孔间有严重泄漏	阀座锥面密封不好	重新研配
	滑阀或阀座拉毛	重新研配
	阀座破裂	更换并研配阀座
不起单向阀作用	阀体孔变形，使滑阀在阀体内咬住	修研阀体孔
	滑阀配合处有毛刺，使滑阀不能正常工作	修理，去毛刺
	滑阀变形胀大，使滑阀在阀体内咬住	修研滑阀外径
接合处泄漏	螺钉或管螺纹没拧紧	拧紧螺钉或管螺纹

2. 换向阀常见故障及排除方法

换向阀常见故障主要有：不换向、换向不灵、电磁铁过热或烧毁及工作时有响声等。产生这些故障的原因及排除方法如表 5-4 所示。

表 5-4　换向阀常见故障及排除方法

故障现象	故障原因	排除方法
不换向	电磁力不足，电磁铁损坏或接线断路	更换电磁铁或重新接线
	滑阀拉伤或卡死	清洗修研滑阀
	弹簧力过大或弹簧折断	更换弹簧
	滑阀摩擦力过大	研配阀芯使之运动
	控制压力油压力过小	提高控制压力油的压力
	控制油路堵塞	疏通控制油路
	安装时螺钉拧紧力过大或不均匀，使阀体变形	重新紧固安装螺钉
	滑阀产生不平衡力，产生液压卡紧	在滑阀外圆开平衡槽
电磁铁过热或烧毁	电磁铁线圈绝缘不良	更换电磁铁
	电磁铁铁心与滑阀轴线不同心	拆卸，重新装配
	电磁铁铁心吸不紧	修理电磁铁
	电压不对	改正电压
	电线焊接不好	重新焊接

故障现象	故障原因	排除方法
换向不灵	油液混入污物，卡住滑阀	清洗滑阀
	弹簧力太小或太大	更换合适的弹簧
	电磁铁铁心接触部分有污物	磨光清理
	滑阀与阀体间歇过小或过大	研配滑阀使间歇适当
电磁铁动作响声大	滑阀卡住或摩擦力过大	修研或更换滑阀
	电磁铁不能压到底	校正电磁铁高度
	电磁铁接触面不平或接触不良	清除污物，修整电磁铁
	电磁铁的磁力过大	选用电磁力适当的电磁铁

5.3　压力控制阀

在液压系统中，控制液体压力的阀（溢流阀、减压阀）和控制执行元件或电器元件等在某一压力下产生动作的阀（顺序阀、压力继电器等）统称为压力控制阀。其共同特点是，利用作用于阀芯上的液体压力和弹簧力相平衡的原理进行工作。

5.3.1　溢流阀

1. 溢流阀的工作原理和结构形式

常用的溢流阀有直动式和先导式两种。直动式用于低压系统，先导式用于中、高压系统。

（1）直动式溢流阀。

图 5-11（a）为直动式溢流阀的结构原理图。来自进油口 P 的压力油经阀芯 3 上的径向孔和阻尼孔 a 通入阀芯的底部，阀芯的下端便受到油液压力向上的力的作用。当进油压力小于调压弹簧弹力时，阀芯处于下端（图示）位置，将进油口 P 和回油口 T 隔开，阀处于关闭状态，即不溢流。随着进油压力升高，当进油压力大于调压弹簧弹力时，阀芯上移，调压弹簧进一步被压缩，油口 P 和 T 相通，溢流阀开始溢流。图 5-11（b）所示为直动式溢流阀的图形符号，也是溢流阀的一般符号。

直动式溢流阀是利用阀芯上端的弹簧力直接与下端面的液压力相平衡来进行压力控制的。因此，当压力或流量较大时这类阀的弹簧的刚度较大，结构尺寸也较大。同时，阀的开口大，弹簧力有较大的变化量，造成所控制的压力随流量的变化而有较大的变化。另外，由于弹簧较硬，调节比较费力，所以这类阀只适用于系统压力较低、流量不大的场合，最大调整压力为2.5 MPa，或作为先导式溢流阀的先导阀使用。

（2）先导式溢流阀。

图 5-12 为先导式溢流阀的结构原理图，它由主阀和先导阀两部分组成。先导阀的结构和工作原理与直动式溢流阀相同，是一个小规格锥阀型，先导阀内的弹簧用来调定主阀的溢流压力。主阀控制溢流量，主阀的弹簧不起调压作用，仅是为了克服摩擦力使主阀芯及时复位而设置的，该弹簧又称稳压弹簧。

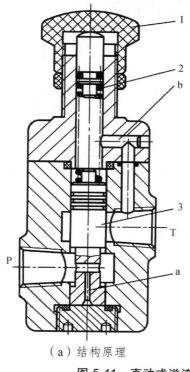

（a）结构原理　　　　（b）图形符号

图 5-11　直动式溢流阀

1—调节螺母；2—调压弹簧；3—阀芯

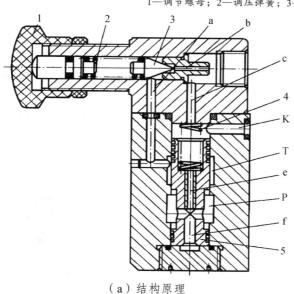

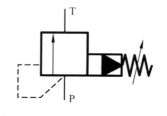

（a）结构原理　　　　（b）图形符号

图 5-12　先导式溢流阀

1—调整螺母；2—调压弹簧；3—锥阀芯；4—平衡弹簧；5—主阀芯

压力油从进油口（图中未示出）进入进油腔 P 后，经主阀芯 5 的轴向孔 f 进入主阀芯的下端，同时油液又经阻尼小孔 e 进入主阀芯上端，再经孔 c 和 b 作用于先导阀的锥阀芯 3 上，此时远程控制口 K 不接通。当系统压力较低时，先导阀关闭，主阀芯两端压力相等，主阀芯在平衡弹簧的作用下处于最下端位置（图示位置），主阀溢流口封闭。

若系统压力升高，主阀上腔压力也随之升高，直至先导阀被打开，主阀上腔的压力油经锥阀阀口、小孔 a、油腔 T 流回油箱。由于阻尼小孔 e 的作用，在主阀芯两端形成一定的压力差，克服平衡弹簧的弹力而上移，主阀溢流阀口开启，P 和 T 接通，实现溢流作用。

调节螺母 1 即可调节调压弹簧 2 的预压缩量，从而可以调整系统压力。

远程控制口 K 在一般情况下是不用的，若 K 口接远程调压阀，就可以对主阀进行远程控制。若 K 口接二位二通阀，通油箱，则可使泵卸荷。

先导式溢流阀在溢流量变化较大时，阀口可以上下波动，但进口处的压力变化则较小，这就克服了直动式溢流阀的缺点。同时，先导阀的阀孔一般做得较小，调压弹簧 2 的刚度也不大，因此调压比较方便。

这种结构的阀是利用压力差使主阀芯上下移动将主阀口开启和关闭的，主阀芯弹簧很小，因此，即使是控制高压大流量的液压系统，其结构尺寸仍然较为紧凑、小巧而且噪声低、压力稳定，但是不如直动式溢流阀响应快，通常适用于中、高压系统。

2. 溢流阀的应用

（1）作溢流阀。溢流阀有溢流时，可维持阀进口亦即系统压力恒定。如图 5-13（a）所示定量泵节流调速的系统中，定量泵多余的油液经溢流阀溢流回油箱，液压泵的工作压力取决于溢流阀的调整压力且基本保持恒定。

（2）作安全阀。系统超载时，溢流阀才打开，对系统起过载保护作用，而平时溢流阀是关闭的。如图 5-13（b）所示变量泵的系统中，用溢流阀限制系统压力不超过最大允许值，以防止系统过载。

（3）作背压阀。溢流阀（一般为直动式的）装在系统的回油路上，产生一定的回油阻力，以改善执行元件的运动平稳性。

（4）用先导式溢流阀对系统实现远程调压或使系统卸荷。如图 5-13（c）所示，用换向阀将溢流阀的遥控口和油箱连接，可使系统卸荷。

（5）实现远程调压。如图 5-13（d）所示，将溢流阀的遥控口和调压较低的溢流阀连通时，其主阀芯上腔油压由低压溢流阀调节（先导阀不再起调压作用），即实现远程调压。

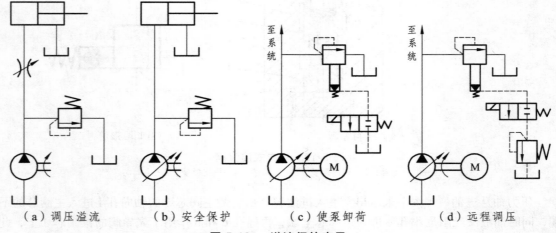

（a）调压溢流　　　　（b）安全保护　　　　（c）使泵卸荷　　　　（d）远程调压

图 5-13　溢流阀的应用

5.3.2　减压阀

减压阀分定压、定差和定比减压阀 3 种,其中最常用的是定压减压阀,如不指明,通常所称的减压阀即为定压减压阀。

1. 减压阀的结构及工作原理

减压阀是一种利用液流流过缝隙产生压降的原理,使出口压力低于进口压力的压力控制阀。减压阀分为直动式和先导式两种。其中直动式很少单独使用,先导式应用较多。

（1）直动式减压阀。

图 5-14 所示为直动式减压阀的结构和图形符号。当阀芯处在原始位置上时,它的阀口 a 是打开的,阀的进、出油口相通。阀芯下腔与出口压力油相通,出口压力未达到弹簧预调力时阀口全开,阀芯不动。当出口压力达到弹簧预调力时,阀芯上移,阀口开度 X_R 关小。如忽略其他阻力,仅考虑阀芯上的液压力和弹簧力相平衡的条件,则可以认为出口压力基本上维持在某一定值(调定值)上。这时如出口压力减小,阀芯下移,阀口开度 X_R 开大,阀口处阻力减小,压降减小,使出口压力回升,达到调定值;反之,如出口压力增大,则阀芯上移,阀口开度 X_R 关小,阀口阻力增大,压降增大,使出口压力下降,达到调定值。

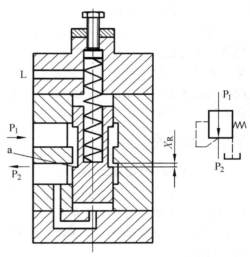

图 5-14　直动式减压阀

（2）先导式减压阀。

图 5-15 所示为先导式减压阀,它的工作原理可参照图 5-14 直动式减压阀以及先导式溢流阀的先导阀的原理来进行分析。

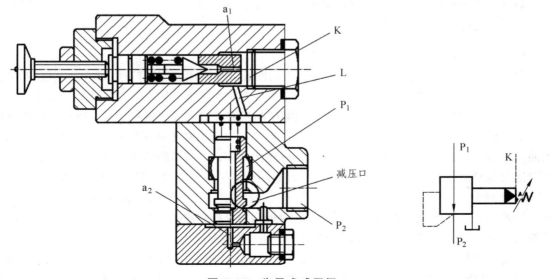

图 5-15　先导式减压阀

减压阀与溢流阀有以下几点不同之处：

① 减压阀为出口压力控制，保证出口压力为定值；溢流阀为进口压力控制，保证进口压力恒定。

② 常态时减压阀阀口常开，溢流阀阀口常闭。

③ 减压阀串联在系统中，其出口油液同执行元件，因此泄漏油需单独引回油箱（外泄）；溢流阀的出口直接接油箱，它是并联在系统中，因此泄漏油引至出口（内泄）。

与溢流阀相同的是，减压阀也可以在先导阀的遥控口接远程调压阀实现远程控制或多级调压。

2．减压阀的应用

减压阀常用于降低系统某一支路油液的压力，使该二次油路的压力稳定且低于系统的调定压力，如夹紧油路、控制油路和润滑油路。必须说明的是，减压阀出口压力还与出口的负载有关，若因负载建立的压力低于调定压力，则出口压力由负载决定，此时减压阀不起减压作用。应用减压阀必有压力损失，这将增加功耗和使油液发热。当分支油路压力比主油路压力低很多，且流量又很大时，常采用高、低压泵分别供油，而不宜采用减压阀。

5.3.3　顺序阀

1．顺序阀的用途与分类

顺序阀的主要用途是利用油液压力作控制信号来控制多个执行器之间的顺序动作。通常顺序阀可以视为液动二位二通换向阀，其启闭压力可用调压弹簧设定，当控制压力（阀的进口压力或液压系统某处的压力）达到或低于设定值时，顺序阀可以自动开启或关闭，实现进、出口间的通断。

根据工作原理与结构的不同，顺序阀可分为直动式和先导式两类。

根据控制压力来源的不同，顺序阀可分为内控式和外控式两类。

根据泄油方式的不同，顺序阀可分为内泄式和外泄式两类。

顺序阀用来控制多个执行元件的顺序动作。通过改变控制方式、泄油方式和二次油路的接法，顺序阀还可具有其他功能，如作背压阀、平衡阀或卸荷阀用。

2．顺序阀的工作原理和结构

图 5-16 和图 5-17 分别是直动式和先导式顺序阀的结构图和图形符号。从图中可以看出，顺序阀的结构和工作原理与溢流阀很相似，其主要差别在于溢流阀有自动恒压调节作用，其出油口接油箱，因此其泄漏油内泄至出口；而顺序阀只有开启和关闭两种状态，当顺序阀进油口压力低于调压弹簧的调定压力时，阀口关闭。当进油口压力高于调压弹簧的调定压力时，进、出油口接通，出油口的压力油使其后面的执行元件动作，出口油路的压力由负载决定，因此它的泄油口需要单独通油箱（外泄）。调整弹簧的预压缩量，即能调节打开顺序阀所需的压力。

若将图 5-16 和图 5-17 所示的顺序阀的下盖旋转 90°或 180°安装，去除外控口 K 的螺塞，并从外控口 K 引入压力油控制阀芯动作，这种阀称为外控顺序阀。该阀口的开启和闭合与阀的主油路进油口压力无关，而只取决于控制口 K 引入的控制压力。

若将上盖旋转 90°或 180°安装，使泄油口 L 与出油口 P_2 相通（阀体上开有沟通孔道，图中未示出），并将外泄油口 L 堵死，便成为外控内泄式顺序阀。外控内泄式顺序阀只用于出口接油箱的场合，常用于卸荷，故称为卸荷阀。

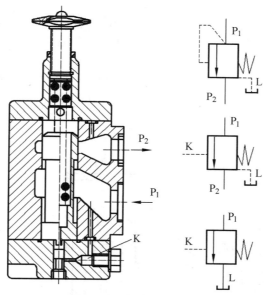

图 5-16 直动式顺序阀

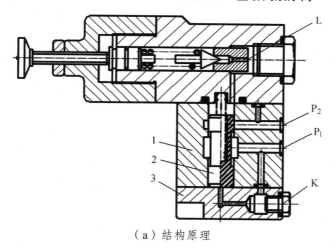

（a）结构原理

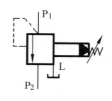

（b）图形符号

图 5-17 先导式顺序阀

1—阀体；2—阻尼孔；3—阀盖

3. 顺序阀的应用

顺序阀在液压系统中的主要应用如下：

（1）控制多个元件顺序动作。

（2）内控内泄式顺序阀与单向阀组成平衡阀，保持垂直放置的液压缸不因自重而下落。

（3）外控内泄式顺序阀可用在双泵供油系统中，当系统所需流量较小时，使大流量泵卸荷。卸荷阀便是由先导式外控顺序阀与单向阀组成的。

（4）用内控内泄式顺序阀接在液压缸回油路上，作背压阀用，产生背压，以使活塞的运动速度稳定。

5.3.4　压力继电器

压力继电器是利用压力信号来启闭电气触点的液压电气转换元件。它在油液压力达到其设定压力时，发出电信号，控制电气元件动作，实现泵的加载或卸荷、执行元件的顺序动作、系统的安全保护及联锁等功能。

图 5-18 所示为柱塞式压力继电器的结构。当油液压力达到压力继电器的设定压力时，作用在柱塞 1 上的力通过顶杆 2 克服弹簧弹力合上微动开关 4，发出电信号。

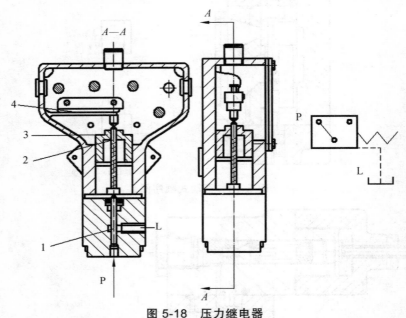

图 5-18　压力继电器
1—柱塞；2—顶杆；3—调节螺钉；4—微动开关

压力继电器在液压系统中的应用很广，如刀具移到指定位置碰到挡铁或负载过大时的自动退刀；润滑系统发生故障时的工作机械自动停车；系统工作程序的自动换接等。

5.3.5　压力控制阀的性能比较

压力控制阀的性能比较如表 5-5 所示。

表 5-5　溢流阀、减压阀、顺序阀的性能比较

名　称	溢流阀	减压阀	顺序阀
职能符号			

续表

名　称	溢流阀	减压阀	顺序阀
控制油路特点	把进油口油液引到阀芯底部，与弹簧力平衡，所以是控制进油路压力，常态下阀口关闭	把出油口油液引到阀芯底部，与弹簧力平衡，所以是控制出口油路压力，常态下阀口全开	同溢流阀，把进油口油液引到阀芯底部，所以是控制进油路压力，常态下阀口关闭
回油特点	阀的出油口油液直接流回油箱，故泄漏油可在阀体内与回油口连通，属内泄式	阀的出油口油液是低于进油压力的二次压力油，供给辅助油路，所以要单独设置泄油口 L，属外泄式	同减压阀，即出油口油液接另一个缸，所以要单独设置泄油口 L，也属外泄式
基本用法	用作溢流阀、安全阀、卸荷阀，一般接在泵的出口，与主路并联。若作背压阀用，则串联在回油路上，调定压力较低	串联在系统内，接在液压泵与分支油路之间	串联在系统中，控制执行机构的顺序动作。多数与单向阀并联作为单向顺序阀用
举例及说明	用作溢流阀时，油路常开，泵的压力取决于溢流阀的调整压力，多用于节流调速的定量泵系统；用作安全阀时，油路常闭，系统压力超过安全阀的调整值时，安全阀打开，多用于变量泵系统	作减压用，使辅助油路获得比主油路低且较稳定的压力油。阀口是常开的	用作顺序阀、平衡阀。顺序阀结构与溢流阀相似，经过适当改装，两阀可以互相代替。但顺序阀要求密封性较高，否则会产生误动作

5.3.6　压力控制阀常见故障及排除方法

1. 溢流阀常见故障及排除方法

溢流阀常见故障有：压力波动大、调整失效、严重泄漏及噪声和振动等。产生这些故障的原因及排除方法如表 5-6 所示。

表 5-6　溢流阀常见故障及排除方法

故障现象	故障原因	排除方法
压力波动大	弹簧弯曲或太软	更换弹簧
	锥阀与阀座孔接触不良或损坏	更换锥阀，如锥阀无损坏，卸下调整螺帽，将导杆推几下，使其接触良好
	钢球不圆，钢球与阀座孔密合不良	更换钢球，研磨阀座孔
	阀芯变形或拉毛	更换或修研阀芯
	油液污染变质，阻尼孔堵塞	更换油液，疏通阻尼孔

故障现象	故障原因	排除方法
调整失效	滑芯卡住	拆卸、检查、修整
	弹簧折断或漏装	检查、更换或补装弹簧
	阻尼孔堵塞	清洗、疏通阻尼孔
	锥阀漏装	补装钢球或锥阀
	进出油口装反	检查油流方向，重新连接
噪声和振动	螺帽松动	紧固螺帽
	弹簧变形不复原	检查并更换弹簧
	阀芯配合过紧	修研阀芯
	锥阀磨损	更换锥阀
	出口油路中有空气	放出空气
	流量超过允许值	减少流量或更换更大流量的阀
	与其他元件发生共振	略微调整阀的额定压力值
严重泄漏	锥阀与阀座孔接触不良	修复或更换锥阀
	阀芯与阀体配合间隙过大	更换阀芯，调整间隙
	管接头未拧紧	拧紧管螺纹或连接螺钉
	纸垫冲破或铜垫失效	更换纸垫或铜垫

2．减压阀常见故障及排除方法

减压阀常见故障有：输出压力波动大、输出压力失调和减压作用失效等。产生这些故障的原因及排除方法如表 5-7 所示。

表 5-7　减压阀常见故障及排除方法

故障现象	故障原因	排除方法
压力输出波动大	油液中混入空气	排除油中的空气
	弹簧变形或卡住，滑阀移动困难或弹簧太软	更换弹簧
	阻尼孔有时堵塞	疏通阻尼孔，过滤或换油
	钢球不圆，钢球与阀座孔配合不好或锥阀安装不正确	更换钢球或调整锥阀
输出压力失调	顶盖处泄漏	拧紧螺钉或更换纸垫
	钢球或锥阀与阀座孔密合不良	更换锥阀或钢球
减压作用失效	回油孔的油塞未取出，使回油出不去	将油塞取出，并接上回油管
	顶盖方向装错，使输油孔与回油孔沟通	将顶盖上孔的位置重新对好
	阻尼孔被堵住	清理阻尼孔，过滤或换油
	阀芯被卡死	清理或研配阀芯

3. 顺序阀的常见故障及其诊断排除方法

顺序阀的常见故障及其诊断排除方法如表 5-8 所示。

表 5-8　顺序阀的常见故障及其诊断排除方法

类型	故障现象	故障原因	诊断排除方法
顺序阀	不能起顺序控制作用（子回路执行器与主回路执行器同时动作，非顺序动作）	先导阀泄漏严重或主阀芯卡阻在开启状态；不能关闭	拆检、清洗与修理
	执行器不动作	先导阀不能打开、主阀芯卡阻在关闭状态；不能开启、复位弹簧卡死、先导管路堵塞	
	作卸荷阀时液压泵一启动就卸荷	先导阀泄漏严重或主阀芯卡阻在开启状态；不能关闭	
	作卸荷阀时不能卸荷	先导阀不能打开、主阀芯卡阻在关闭状态；不能开启、复位弹簧卡死、先导管路堵塞	
单向顺序阀	不能保持负载不下降，不起平衡作用	先导阀泄漏严重或主阀芯卡阻在开启状态；不能关闭	拆检、清洗与修理，拆检时必须用机械方法将负载固定不动，以免落下
	负载不能下降，液压缸能够伸出但不能缩回	先导阀不能打开、主阀芯卡阻在关闭状态；不能开启、复位弹簧卡死、先导管路堵塞	
	执行器爬行或振动	负载有机械干扰或虽无干扰而主阀芯开启时执行器排油过快，造成进油不足，产生局部真空时主阀芯在启闭临界状态跳动，时开时关跳动	消除机械干扰并在导轨等处加润滑剂，如无效则应在阀出口处另加固定节流孔或节流阀

5.4　流量控制阀

流量控制阀是通过改变可变节流口面积大小，从而控制通过阀的流量，达到调节执行元件（液压缸或液压马达）运动速度的阀类元件。常用的流量控制阀有节流阀、调速阀等。

液压系统中使用的流量控制阀应满足如下要求：有足够的调节范围；能保证稳定的最小流量；温度和压力变化对流量的影响小；调节方便；泄漏小等。

5.4.1　节流阀

节流阀是结构最简单、应用最广泛的流量控制阀。它经常与溢流阀配合组成定量泵供油的各种节流调速回路或系统。按照操纵方式的不同，节流阀可以分为手动调节式普通节流阀、行程挡块或凸轮等机械运动部件操纵式行程节流阀等形式。节流阀还可以与单向阀等组成单向节流阀、单向行程节流阀等组合阀。

1. 节流阀的特性

（1）流量特性。节流阀的流量特性取决于节流口的结构形式。但无论节流口采用何种形式，一般情况下，节流阀的流量特性可用公式 $q = KA\Delta p^m$ 来描述。在一定压差下，改变节流口的面积 A，就可调节通过阀口的流量。

（2）流量的稳定性。

① 压差 Δp 对流量稳定性的影响。在使用中，当阀口前后压差变化时，使流量不稳定。m 越大，Δp 的变化对流量的影响越大，因此阀口制成薄壁孔（$m = 0.5$）比制成细长孔（$m = 1$）要好。

② 温度对流量稳定性的影响。油温的变化引起油液黏度的变化，从而对流量发生影响。黏度变化对细长孔流量的影响较大，薄壁小孔的流量不受黏度影响。

③ 孔口形状对流量稳定性的影响。能维持最小稳定流量是流量阀的一个重要性能，该值愈小，表示阀的稳定性愈好。实践证明，最小稳定流量与节流口截面形状有关，圆形节流口最好，而方形和三角形次之，但方形和三角形节流口便于连续而均匀地调节其开口量，所以在流量控制阀上应用较多。

2. 节流阀的工作原理

图 5-19 所示为板式连接的普通节流阀的结构和图形符号。该阀的阀体 5 上开有进油口 P_1 和出油口 P_2，阀芯 2 左端开有轴向三角槽式节流通道 6，阀芯在弹簧 1 的作用下始终贴紧在推杆 3 上。油液从进油口 P_1 流入，经孔道 a 和阀芯 2 左端的轴向三角槽 6 进入孔道 b，再从出油口 P_2 流出，通向执行元件或油箱。调节手把 4 通过推杆 3 使阀芯 2 做轴向移动，可以改变节流口的通流截面面积，实现流量的调节。

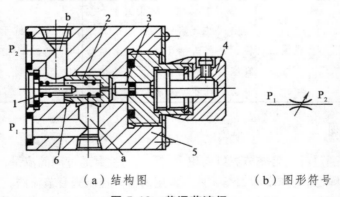

（a）结构图　　　　　　　　　（b）图形符号

图 5-19　普通节流阀

1—弹簧；2—阀芯；3—推杆；4—调节手把；5—阀体；6—轴向三角槽；a，b—孔道

3. 节流阀的应用

节流阀结构简单、价格低廉、调节方便，但由于没有压力补偿措施，所以流量稳定性较差，常用于负载变化不大或对速度控制精度要求不高的定量泵供油节流调速液压系统中，有时也用于变量泵供油的容积节流调速液压系统中。

节流阀在液压系统中主要与定量泵、溢流阀和执行元件组成节流调速系统，调节其开口，便可调节执行元件运动速度的大小；也可用于试验系统中用作加载，起负载阻力作用；在液流压力容易发生突变的地方安装节流阀，起压力缓冲作用。

5.4.2　调速阀

1．调速阀的工作原理

图 5-20 所示为调速阀进行调速的工作原理。液压泵出口（即调速阀进口）压力 p_1 由溢流阀调定，基本上保持恒定。调速阀出口处的压力由负载 F 决定。当 F 增加时，调速阀进出口压差 $p_1 - p_2$ 将减小。如在系统中装的是普通节流阀，则由于压差的变化，影响通过节流阀的流量，从而使活塞运动的速度不能保持恒定。

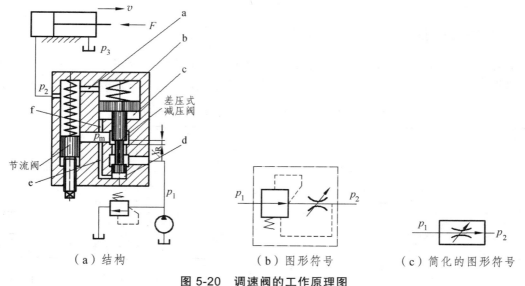

（a）结构　　　　（b）图形符号　　　　（c）简化的图形符号

图 5-20　调速阀的工作原理图

调速阀是在节流阀的前面串联了一个定差式减压阀，使油液先经减压阀产生一次压力降，将压力降到 p_m。利用减压阀阀芯的自动调节作用，使节流阀前后压差 $\Delta p = p_m - p_2$ 基本保持不变。

减压阀阀芯上端的油腔 b 通过孔道 a 和节流阀后的油腔相通，压力为 p_2，而其肩部油腔 c 和下端油腔 d 通过孔道 f 和 e 与节流阀前的油腔相通，压力为 p_m。活塞负载 F 增加时，p_2 升高，于是作用在减压阀阀芯上端的压力增加，阀芯下移，减压阀的开口加大，压降减小，因而使 p_m 也升高，结果使节流阀前后的压差 $p_m - p_2$ 保持不变；反之亦然。这样就使通过调速阀的流量恒定不变，活塞运动的速度稳定，不受负载变化的影响。

调速阀与节流阀的特性比较如图 5-21 所示。从图中可看以出，节流阀的流量随压差的变化较大，而调速阀在进、出口压差 Δp 大于一定值（Δp_{min}）后，流量基本保持不变。这是因为在压差很小时，减压阀阀芯在弹簧力作用下处于最下端位置，阀口全开，减压阀不起减压作用的缘故。

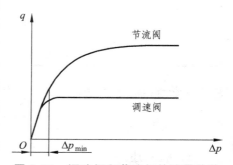

图 5-21　调速阀和节流阀的流量特性

2．调速阀的应用

调速阀的流量稳定性好，但是压力损失较大。它常用于负载变化大而对速度控制精度要求较高的定量泵供油节流调速液压系统中，有时也用于变量泵供油的容积节流调速液压系统中。在定量泵供油节流调速液压系统中，可与溢流阀配合组成串联节流和并联节流调速回路或系统。

在调速阀的使用中，要注意以下几点：

① 调速阀（不带单向阀）通常不能反向使用；否则，定差减压阀将不起压力补偿器作用。

② 为了保证调速阀正常工作，注意调速阀的工作压差应大于阀的最小压差。高压调速阀的最小压差一般为 1 MPa，而中低压调速阀的最小压差一般为 0.5 MPa。

③ 流量调整好后应锁定位置，以避免因其他原因改变调好的流量。

5.4.3　节流阀和调速阀常见故障及排除方法

节流阀和调速阀常见故障：一是节流调节失灵或调节范围小；二是由综合因素影响节流阀或调速阀的工作性能，导致运动速度不稳定。产生这些故障的原因及排除方法如表 5-9 所示。

表 5-9　节流阀、调速阀常见故障及排除方法

故障现象	故障原因	排除方法
作用失灵或调节范围不大	阀芯与孔的间隙过大，造成泄漏，使调节不起作用	更换或修复磨损零件
	节流口阻塞或阀芯卡住	清洗或更换
	节流阀结构不良	选用节流特性好的节流阀
	密封件损坏	更换密封件
运动速度不稳定	油口杂质堆积或黏附在节流口边上，使通流面积减小	清洗元件，更换液压油
	节流阀性能差，由于振动使节流口变化	增加节流锁紧装置
	节流阀内部或外部泄漏	检查零件精度或配合间隙，修正或更换超差零件
	负载变化	改换调速阀
	油温升高，使油的黏度降低，使速度逐步增高	在油温稳定后，调节节流阀或增加散热装置
	混入空气	系统排气
	阻力装置阻塞	清洗元件

5.5　叠加阀和插装阀

5.5.1　叠加阀

1．概　述

叠加式液压阀简称叠加阀，它是近十年内在板式阀集成化基础上发展起来的新型液压元件，是液压系统集成化的一种方式。由叠加阀组成的叠加阀系统如图 5-22 所示。

图 5-22 叠加阀组成的系统

2．叠加阀的特点

（1）叠加阀的优点。

① 标准化、通用化、集成化程度高，设计、加工、装配周期短；

② 用叠加阀组成的液压系统结构紧凑、体积小、质量轻、外形美观；

③ 叠加阀可以集中配置在液压站上，也可以分散装配在设备上，配置形式灵活，系统变化时，元件重新组合叠装方便、迅速；

④ 因不用油管连接，压力损失小，泄漏少，振动小，噪声小，动作平稳，使用安全可靠，维修方便。

（2）叠加阀的缺点。

① 回路的形式较少，通径较小；

② 品种规格尚不能满足较复杂和大功率液压系统的需要。

目前，我国已生产 $\phi6$ mm、$\phi10$ mm、$\phi16$ mm、$\phi20$ mm、$\phi32$ mm 五个通径系列的叠加阀，其连接尺寸符合 ISO 4401 国际标准，最高工作压力为 20 MPa，已广泛应用于冶金、机床、工程机械等领域。

5.5.2 插装阀

1．二通插装阀的分类

按其功能可分为：压力控制阀、流量控制阀、方向控制阀。

按其控制方式可分为：通断式与比例式。

按其安装方式可分为：盖板插装式与螺纹插装式。目前，我国生产的均是盖板插装式，而螺纹插装阀正处于研制阶段。

2．插装阀的基本结构和工作原理

图 5-23 所示为插装阀的典型结构和图形符号。它由插装主阀（阀套 2、阀芯 4、弹簧 3 及密封件）、插装阀体 5 和先导控制元件（置于控制盖板 1 上，图中未画出）组成。阀体 5 上有两个分别与主油路相通的油口 A 和 B，插装主阀插入阀体中，控制盖板把主阀封装在阀体内，并通过控制油口 C 沟通先导阀和主阀。控制主阀阀芯的启闭，可控制主油路的通断。插装阀通过不同的控制盖板和各种先导阀组合，便可构成方向控制阀、压力控制阀和流量阀。

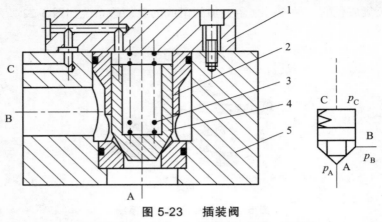

图 5-23 插装阀
1—控制盖板；2—阀套；3—弹簧；4—阀芯；5—阀体

设油口 A、B、C 的压力及其作用面积分别为 p_a、p_b、p_c 和 A_a、A_b、A_c，F_s 为弹簧作用力。如不考虑阀芯的质量、液动力和摩擦力等的影响，则当 $p_a A_a + p_b A_b \geqslant p_c A_c + F_s$ 时，阀芯开启，油路 A、B 接通；当 $p_a A_a + p_b A_b < p_c A_c + F_s$ 时，阀芯关闭，A、B 不通。

在实际工作中，若油口 C 接油箱，$p_c = 0$，阀芯则开启；若油口 C 与进油口相通，$p_c = p_a$，或 $p_c = p_b$，阀芯则关闭，这种阀的启闭动作类似受操纵的逻辑元件，故又称逻辑阀。

3. 插装阀的应用和特点

传统的液压控制阀由于采用滑阀式结构，其通流能力小，制造精度高，阀芯尺寸大，切换时间长，换向冲击大。这些缺点不适应液压设备对高压大流量的要求。为了解决传统液压阀的缺点，20 世纪 70 年代发展了一种新型的液压控制阀——二通插装阀，目前已在机械、冶金、汽车、船舶等行业得到了广泛应用。

插装阀在高压大流量的液压系统中应用很广。由于插装元件已标准化、模块化，将几个插装式元件组合一下便可组成复合阀。与普通液压阀相比，它有如下优点：

（1）采用锥阀结构，内阻小，响应快，密封好，泄漏少。

（2）机能多，集成度高。配置不同的先导控制级，就能实现方向、压力、流量的多种控制。

（3）通流能力大，特别适用于大流量的场合。

（4）结构简单，易于实现标准化、系列化。

思考与练习

1. 液压控制阀的功用是什么？它是如何分类的？
2. 液压系统对液压控制阀的基本要求有哪些？
3. 普通单向阀与液控单向阀之间有什么异同点？
4. 简要说明三位四通换向阀的换向原理。
5. 何谓中位机能？画出"O"形、"M"形和"P"形中位机能，并说明各适用何种场合。
6. 普通单向阀能否作背压阀使用？背压阀的开启压力一般是多少？
7. 什么是换向阀的"位"与"通"？它的图形符号是什么？

8. 试说明三位四通阀 O 形、M 形、H 形中位机能的特点和应用场合。

9. 二位四通换向阀能否作二位三通阀和二位二通阀使用？说明其具体接法。

10. 电液换向阀有何特点？如何调节它的换向时间？

11. 溢流阀有哪几种用法？

12. 如图 5-24 所示的两系统中溢流阀的调整压力分别为 $p_A = 4$ MPa，$p_B = 3$ MPa，$p_C = 2$ MPa，当系统外负载为无穷大时，液压泵的出口压力各为多少？

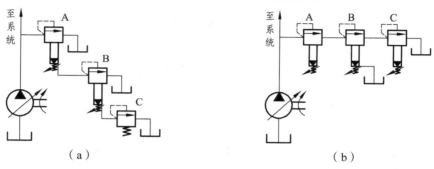

图 5-24　题 12 图

13. 试简要说明先导式溢流阀的工作过程。

14. 如果将先导式溢流阀平衡活塞上的阻尼孔堵塞，对液压系统会有什么影响？

15. 如图 5-25 所示的系统中溢流阀的调整压力分别为 $p_A = 3$ MPa，$p_B = 1.4$ MPa，$p_C = 2$ MPa。求当系统外负载为无穷大时，液压泵的出口压力为多少？若将溢流阀 B 的遥控口堵住，液压泵的出口压力又为多少？

16. 如图 5-26 所示的系统中溢流阀的调定压力为 5 MPa，减压阀的调定压力为 2.5 MPa。试分析下列工况：

（1）当液压泵出口压力等于溢流阀的调定压力时，夹紧缸使工件夹紧后，A、C 点压力各为多少？

（2）当液压泵出口压力由于工作缸快进，压力降到 1.5 MPa 时（工件仍处于夹紧状态），A、C 点压力各为多少？

（3）夹紧缸在夹紧工件前做空载运动时，A、B、C 点压力各为多少？

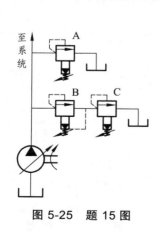

图 5-25　题 15 图

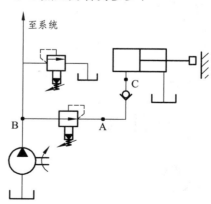

图 5-26　题 16 图

17. 如图 5-27 所示的减压回路中，已知液压缸无杆腔、有杆腔的面积分别为 $100\ \mathrm{cm}^2$、$50\ \mathrm{cm}^2$，最大负载 $F_1 = 14\ 000\ \mathrm{N}$、$F_2 = 4\ 250\ \mathrm{N}$，背压 $p = 0.15\ \mathrm{MPa}$，节流阀的压差 $\Delta p = 0.2\ \mathrm{MPa}$，试求：

（1）A、B、C 各点压力（忽略管道阻力）。

（2）若两缸的进给速度分别为 $v_1 = 3.5\ \mathrm{cm/s}$，$v_2 = 4\ \mathrm{cm/s}$，液压泵和各液压阀的额定流量应选多大？

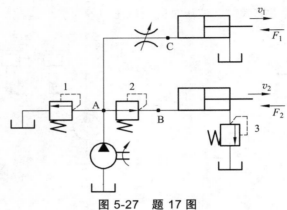

图 5-27　题 17 图

18. 溢流阀、减压阀和顺序阀各有什么作用？它们在原理上和图形符号上有什么异同？顺序阀能否当溢流阀使用？

19. 如图 5-28 所示的回路中，顺序阀和溢流阀串联，调整压力分别为 p_x 和 p_y，当系统外负载为无穷大时，试问：

（1）液压泵的出口压力为多少？

（2）若把两阀的位置互换，液压泵的出口压力又为多少？

20. 如图 5-29 所示的系统中，液压缸的有效面积 $A_1 = A_2 = 100\ \mathrm{cm}^2$，液压缸 Ⅰ 负载 $F_L = 35\ 000\ \mathrm{N}$，液压缸 Ⅱ 运动时负载为零，不计摩擦阻力、惯性力和管路损失，溢流阀、顺序阀、减压阀的调定压力分别为 $4\ \mathrm{MPa}$、$3\ \mathrm{MPa}$ 和 $2\ \mathrm{MPa}$，试求下列 3 种工况下 A、B 和 C 处的压力。

（1）液压泵启动后，两换向阀处于中位时；

（2）1YA 通电，液压缸 Ⅰ 运动时到终端停止时；

（3）1YA 断电，2YA 通电，液压缸 Ⅱ 运动时和碰到固定挡块停止运动时。

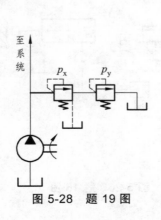

图 5-28　题 19 图

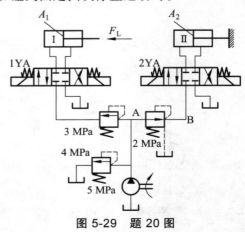

图 5-29　题 20 图

21. 何谓叠加阀？叠加阀有何特点？

22. 如图 5-30 所示为由插装式锥阀组成方向阀的两个例子，如果在阀关闭时，A、B 有压力差，试判断电磁铁得电和断电时，图 5-30 所示的压力油能否开启锥阀而流动，并分析各自是作为何种换向阀使用的。

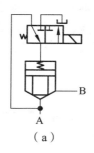
（a）

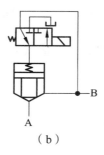
（b）

图 5-30　题 22 图

项目 6　液压辅助元件

液压系统中的辅助装置，如蓄能器、管件、油箱、滤油器、热交换器等，对系统的动态性能、工作稳定性、工作寿命、噪声和温升等都有直接影响，必须予以重视。其中，油箱需根据系统要求自行设计，其他辅助装置则做成标准件，供设计时选用。

6.1　蓄能器

蓄能器是液压系统中的储能元件，它储存多余的压力油液，并在需要时释放出来供给系统。

1.蓄能器的功用

（1）作辅助动力源。某些液压系统的执行元件是间歇动作，总的工作时间很短；有些液压系统的执行元件虽然不是间歇动作，但在一个工作循环内（或一次行程内）速度差别很大。在这种系统中设置蓄能器后，即可采用一个功率较小的液压泵，以减小主传动的功率。另外，在一些特殊情况下，为防止停电或液压泵的驱动装置发生故障而造成设备事故，蓄能器可作为应急能源短时间使用。

（2）保压和补充泄漏。如果执行元件很长时间不动作，并且要保持恒定压力的系统，可用蓄能器来补偿泄漏，从而使压力恒定。

（3）缓冲和吸收压力脉动。由于换向阀突然换向，液压泵突然停转，执行元件的运动突然停止，甚至人为地需要执行元件紧急制动等原因，都会使管路内的液体流动发生急剧变化，从而产生冲击压力。虽然系统中设有安全阀，但仍然难免产生压力的短时剧增和冲击。这种冲击压力，往往会引起系统中的仪表、元件和密封装置发生故障甚至损坏，还可能导致管道破裂，此外还会使系统产生明显的振动。若在控制阀或液压缸冲击源之前装设蓄能器，即可吸收和缓和这种冲击。

2.蓄能器的类型及结构

蓄能器分为重力式、弹簧式和充气式 3 种类型。常用的是充气式，它又分为活塞式、气囊式和隔膜式 3 种。

（1）活塞式蓄能器。

图 6-1 所示为活塞式蓄能器。它主要由活塞 1、缸筒 2 和气门 3 等组成。活塞 1 把缸筒中的液压油和气体隔开，压缩气体（氮气或净化空气）由气门进入活塞 1 上部，液压油从 a 口进入活塞 1 下部，液压油压力增加，活塞 1 上移，压缩气体，这一过程为储存能量过程。液压油压力降低，活塞 1 下移，气体膨胀，这一过程为输出能量过程。活塞式蓄能器结构简单，安装、维修方便，但由于密封问题不能完全解决，气体容易漏入液压系统中。另外，由于密封件的摩擦力和活塞惯性，使活塞动作不够灵敏。活塞式蓄能器最高工作压力为 17 MPa，总容量为 1 ~ 39 L，温度适用范围为 – 4 ~ +80 ℃。

（2）气囊式蓄能器。

图 6-2 所示为气囊式蓄能器。它由壳体 1、皮囊 2、充气阀 3、限位阀 4 等组成。在工作

时，从充气阀 3 向皮囊 2 内充进一定压力的气体，然后关闭充气阀，使气体封闭在皮囊 2 内，液压油从壳体底部限位阀 4 处引入皮囊 2 外腔，使皮囊受压缩而储存液压能。气囊式蓄能器惯性小、反应灵敏、结构紧凑、质量轻、充气方便，一次充气后能长时间保存气体，在液压系统中应用广泛。气囊式蓄能器工作压力为 3.5 ~ 35 MPa，总容量为 0.6 ~ 200 L，温度适用范围为 – 10 ~ +65 °C。

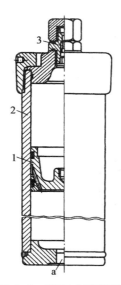

图 6-1 活塞式蓄能器

1—活塞；2—缸筒；3—气门

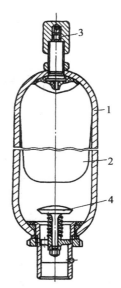

图 6-2 气囊式蓄能器

1—壳体；2—气囊；3—充气阀；4—限位阀

3. 蓄能器的安装

蓄能器在液压系统中的安装位置随其功能而定，但在安装时应注意以下几个问题：

① 在安装气囊蓄能器时，应将油口朝下垂直安装。

② 用于吸收液压冲击和压力脉动的蓄能器，应尽可能安装在振源附近，并便于检修。

③ 安装在管路上的蓄能器必须用支承板或支承架固定。

④ 蓄能器与液压泵之间应设单向阀，防止液压泵停止工作时蓄能器储存的压力油倒流而使泵反转。

⑤ 蓄能器与管路系统之间应安装截止阀，供充气和检修用。

6.2 油 箱

1. 油箱的功用和结构

油箱在液压系统中的主要功用是储存液压系统所需的足够油液，散发油液中的热量，分离油液中的气体及污物。

油箱有总体式和分离式两种。总体式油箱是与机械设备机体做在一起的，利用机体空腔部分作为油箱。此种形式结构紧凑，各种漏油易于回收。但其散热性差，易使邻近构件发生热变形，从而影响机械设备精度，另外维修也不方便。分离式油箱是一个单独的与主机分开的装置，它布置灵活，维修保养方便，可以减少油箱发热和液压振动对机械设备工作精度的影响，便于设计成通用化、系列化的产品，因而得到了广泛的应用，特别是组合机床、自动线和精密设备，大多采用分离式油箱。

图 6-3 所示为小型分离式油箱，通常油箱用 2.5～5 mm 厚的钢板焊接而成。

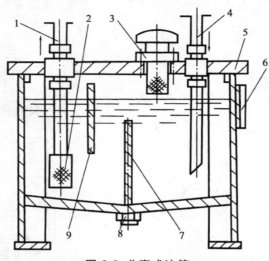

图 6-3 分离式油箱

1—吸油管；2—网式滤油器；3—空气滤油器；4—回油管；5—顶盖；6—液面指示器；7，9—隔板；8—放油塞

2. 油箱设计使用中的注意事项

① 油箱的容量主要根据热平衡来确定。通常油箱的容量取液压泵每分钟流量的 3～8 倍进行估算。此外，还要考虑到液压系统回油到油箱不至溢出，油面高度一般不超过油箱高度的 0.8 倍。

② 油箱中应设吸油滤油器，并要有足够的通流能力。由于滤油器需要经常清洗，所以在油箱结构上要考虑滤油器拆卸方便。

③ 油箱底部做成适当斜度，并安放油塞。大油箱为清洗方便，应在侧面设计清洗窗孔。油箱箱盖上应安装空气滤清器，其通气流量不小于泵流量的 1.5 倍，以保证具有较好的抗污能力。

④ 在油箱侧壁安装油位指示器，以指示最低和最高油位。为了防锈、防凝水，新油箱内壁经喷丸、酸洗和表面清洗后，可涂一层与工作油液相容的塑料薄膜或耐油清漆。

⑤ 吸油管及回油管要用隔板分开，增加油液循环的距离，使油液有足够的时间分离气泡，沉淀杂质。隔板高度一般取油面高度的 3/4。吸油管距油箱底的距离 $H \geq 2D$（D 为吸油管内径），距油箱壁不小于 $3D$，以利于吸油通畅。回油管插入最低油面以下，以防止回油时带入空气，回油管距油箱底的距离 $h \geq 2d$（d 为回油管内径），回油管排油口应面向箱壁，管端切成 45°，以增大通流面积。泄漏油管则应在油面以上。

⑥ 大、中型油箱应设起吊钩，便于安装和运输。

6.3　滤油器

液压油的污染程度直接影响到液压元件和液压系统的正常工作及可靠性。据统计，液压系统的故障中，至少有 70%～80%的故障是由于液压油被污染而造成的，所以液压油的污染是一个非常重要的问题。

1．液压油的污染及危害

液压油的污染就是有异物混入液压油中。通常是指在液压油中混入水分、空气以及其他油品、机械颗粒和由于高温氧化而使液压油自身生成氧化物等类型的污染。液压油被污染后将会造成以下危害：

① 污染颗粒进入液压元件后，将加速液压元件的磨损，破坏密封，性能下降，寿命降低。

② 油液中侵入空气，将使液压系统产生噪声和气蚀，降低油液的弹性模量和润滑性，油液易于氧化。

③ 油液中混入水分后，将加速油液的氧化，腐蚀金属，也会降低润滑性。

④ 油液混入其他油品，改变了液压油的化学成分，从而影响液压系统的工作性能。

⑤ 油液自身氧化生成的氧化物，使油变质，堵塞元件阻尼孔或节流孔，加速元件腐蚀，使液压系统不能正常工作。

2．滤油器的功用和类型

滤油器的功用是滤去油液中的杂质，维护油液的清洁，防止油液污染，保证液压系统正常工作。滤油器按过滤原理分为表面型、深度型和磁性滤油器 3 种。

（1）表面型滤油器。

这种滤油器滤除的微粒污物截留在滤芯元件油液上游一面，整个过滤作用是由一个几何面来实现的，就像丝网一样把污物阻留在其外表面。滤芯材料具有均匀的标定小孔，可以滤除大于标定小孔的污物和杂质。由于污物杂质积累在滤芯表面，所以此种滤油器极易堵塞。

最常用的表面型滤油器有网式和线隙式两种。

图 6-4（a）所示为网式滤油器，它是用细铜丝网 1 作为过滤材料，包在周围开有很多窗孔的塑料或金属筒形骨架 2 上，一般滤去的杂质材料的直径 $d > 0.08 \sim 0.18$ mm，其阻力小，压力损失不超过 0.01 MPa。该滤油器安装在液压泵吸液口处，保护油泵不受大粒度机械杂质的损坏。此种滤油器结构简单，清洗方便。

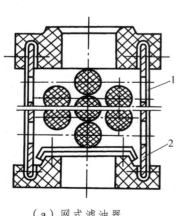
（a）网式滤油器

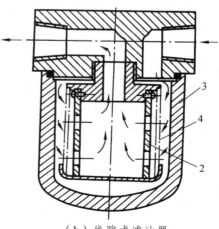
（b）线隙式滤油器

图 6-4　表面型滤油器

1—细铜丝网；2—骨架；3—壳体；4—铜或铝线

图 6-4（b）所示为线隙式滤油器，它是由壳体 3 和滤芯组成的，滤芯是用铜或铝线 4 缠绕在筒形骨架 2 的外圆上，利用线间的缝隙进行过滤。一般滤去杂质颗粒的直径 $d \geq 0.03 \sim 0.1$ mm，压力损失为 $0.07 \sim 0.35$ MPa。该滤油器通常用在回液低压管路或泵吸油口处。此种滤油器结构简单，滤芯材料强度低，不易清洗。

（2）深度型滤油器。

这种滤油器的滤芯由多孔可透性材料制成，材料内部具有曲折迂回的通道，大于表面孔径的粒子直接被拦截在靠油液上游的外表面，而较小污染粒子进入过滤材料内部，撞到通道壁上，滤芯的吸附及迂回曲折通道有利于污染粒子的沉积和截留。这种滤芯材料有纸芯、烧结金属、毛毡和各种纤维类等。

图 6-5（a）所示为纸芯式滤油器，它是由做成折叠形以其增加过滤面积的微孔纸芯 1 包在由铁皮制成的骨架 2 上。油液从外进入滤芯 1 后流出。它可滤去直径 $d \geq 0.05 \sim 0.03$ mm 的颗粒，压力损失为 $0.08 \sim 0.4$ MPa，常用于对油液要求较高的场合。这种滤油器过滤效果好，但滤芯堵塞后无法清洗，需要更换纸芯。

图 6-5（b）所示为烧结式滤油器。它的滤芯 3 是用颗粒状青铜粉烧结而成的。油液从左侧油孔进入，经杯状滤芯过滤后，从下部油孔流出。它可滤去直径 $d \geq 0.01 \sim 0.1$ mm 的颗粒，压力损失较大，为 $0.03 \sim 0.2$ MPa，多用在排液或回油路上。这种滤油器制造简单，耐腐蚀，强度高。金属颗粒有时脱落，堵塞后清洗困难。

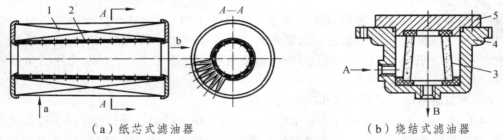

（a）纸芯式滤油器　　　　　　　　　　（b）烧结式滤油器

图 6-5　深度型滤油器

1—纸芯；2—骨架；3—滤芯；4—壳体；5—端盖

（3）磁性滤油器。

滤芯采用永磁性材料，将油液中对磁性敏感的金屑颗粒吸附到上面。它常与其他形式滤芯一起制成复合式滤油器，对机床液压系统特别适用。

3. 滤油器的选用

选用滤油器时应考虑以下几个方面：

（1）过滤精度应满足系统提出的要求。过滤精度是以滤除杂质颗粒度大小来衡量的，颗粒度越小则过滤精度越高。以直径 d 为颗粒公称尺寸，将过滤精度分为粗（$d \geq 0.1$ mm）、普通（$d \geq 0.01$ mm）、精（$d \geq 0.005$ mm）和特精（$d \geq 0.001$ mm）4 个等级，不同液压系统对滤油器的过滤精度要求如表 6-1 所示。

表 6-1　各种液压系统对滤油器的过滤精度要求

系统类别	润滑系统	传动系统		伺服系统	特殊要求
压力/MPa	$0 \sim 2.5$	≤ 7	>7	≤ 35	≤ 21	≤ 35
颗粒度/mm	≤ 0.1	≤ 0.1	≤ 0.025	≤ 0.005	≤ 0.005	≤ 0.001

（2）要有足够的通流能力。通流能力是指在一定压降下允许通过滤油器的最大流量，应结合滤油器在液压系统中的安装位置，根据滤油器样本来选取。

（3）要有一定的机械强度，不因油液压力而破坏。

（4）考虑滤油器的其他功能。对于不能停机的液压系统，必须选择切换式滤油器，不停机更换滤芯；对于需要滤芯堵塞报警的场合，则可选择带发信装置的滤油器。

4．滤油器的安装

滤油器在液压系统中有以下几种安装位置：

（1）安装在泵的吸油口。在泵的吸油口安装网式或线隙式滤油器，防止大颗粒杂质进入泵内，同时有较大的通流能力，以防止空穴现象。

（2）安装在泵的出口。安装在泵的出口可保护除泵以外的元件，但须选择过滤精度高、能承受油路上工作压力和冲击压力的滤油器，压力损失一般小于 0.35 MPa。此种方式常用于过滤精度要求高的系统及伺服阀和调速阀前，以确保它们正常工作。

（3）安装在系统的回油路上。将滤油器安装在回油路，可滤去油液回油箱前侵入系统或系统生成的污物。由于回油压力低，可采用滤芯强度低的滤油器，其压降对系统影响不大。为了防止滤油器阻塞，一般与滤油器并联一安全阀或安装堵塞发信装置。

（4）安装在独立的过滤系统中。在大型液压系统中，可专设由液压泵和滤油器组成的独立过滤系统，专门滤去液压系统油箱中的污物，通过不断循环，提高油液清洁度。专用过滤车也是一种独立的过滤系统。

在使用滤油器时还应注意滤油器只能单向使用，按规定液流方向安装，以利于滤芯的清洗和安全。清洗或更换滤芯时，要防止外界污染物侵入液压系统。

6.4　管　件

管路及管接头是用来连接液压元件、输送液压油的连接件。因此，应保证管件有足够的强度、能量损失小、密封良好和装拆使用方便等性能。

1．管　路

液压系统中使用的油管种类有钢管、紫铜管、橡胶软管、尼龙管和塑料管。应当根据液压装置的工作条件和压力大小来选择油管，油管的特点及适用场合如表 6-2 所示。

表 6-2　各种油管的特点及适用场合

种　类		特点及适用场合
硬管	钢管	耐油、耐高压、强度高、工作可靠，但装配时不便弯曲，常在装拆方便处作压力管道。中压以上用无缝管道，低压用焊接管道
	紫铜管	价高、承压能力低（6.5～10 MPa），抗冲击和抗振能力差，易使油液氧化，但易弯曲成各种形状，常用在仪表和液压系统装配不便处
软管	塑料管	耐油、价低、装配方便，长期使用易老化，只适用于压力低于 0.5 MPa 的回油管和泄油管
	尼龙管	乳白色、透明、可观察流动情况，价低，加热后可随意弯曲、扩口、冷却后定形，安装方便，承压能力因材料而异（2.5～8 MPa）

续表

种　类		特点及适用场合
软管	橡胶软管	用于相对运动元件间的连接，分高压和低压两种。高压软管由夹有几层钢丝编织网（层数越多，耐压越高）的耐油橡胶制成，价高，用于压力管道；低压油管由耐油橡胶夹帆布制成，用于回油管

　　油管应根据液压系统的流量和压力来确定，选择的主要参数是油管的内径 d 和壁厚 δ。内径 d 的选取以降低流速、减少压力损失为前提。内径过小，流速过高，压力损失大，易产生振动和噪声；内径过大，会使液压装置不紧凑。油管的壁厚 δ 不仅与工作压力有关，而且与管子材料有关。一般根据有关标准，查手册确定内径 d 和壁厚 δ。

2. 管接头

　　管接头是油管与油管、油管与液压元件之间可拆卸的连接件。管接头的性能好坏直接影响液压系统的泄漏和压力损失。表 6-3 所示为常用管接头的类型及特点。

表 6-3　常用管路接头的类型和特点

类　型	结构图	特点
扩口式管接头		靠扩口部分的锥面实现连接和密封。其结构较简单，适用于中低压系统的铜管、薄壁钢管连接；也可用来连接尼龙管和塑料管
焊接式管接头		连接管与钢管采用焊接连接。其结构简单，制造方便，耐高压和抗振动性好，密封性能好；广泛用于高压系统（$p < 32\ \text{MPa}$）
卡套式管接头		利用卡套的变形卡住管子并实现密封。不用密封件，工作可靠，拆卸方便，抗振性好，使用压力可达 32 MPa，但工艺较复杂
扣压式软管接头		由外套和芯子组成，安装时软管被挤在外套和接头芯子之间，因而被牢固地连接在一起。工作压力在 10 MPa 以下，需专用扣压设备

6.5　热交换器

　　由于液压系统能量损失转换为热量，会使油液温度升高。若长时间油温过高，油液黏度将下降，泄漏增加，密封老化，油液氧化，会严重影响系统正常工作。为了保证工作温度在 20 ~ 65 ℃，需要在系统中安装冷却器。相反，油温过低，油液黏度过大，设备启动困难，压力损失加大并引起较大的振动，则应安装加热器并由温度控制器控制。

1. 冷却器

　　冷却器要求有足够的散热面积，散热效率高，压力损失小。根据冷却介质的不同有风冷式、水冷式和制冷式 3 种。

图 6-6 所示为最简单的蛇形管冷却器，它直接安装在油箱内并浸入油液中，管内通冷却水。这种冷却器的冷却效果不好，耗水量大。

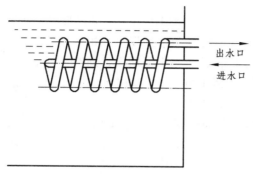

图 6-6   蛇形管冷却器

液压系统中用得较多的是一种强制对流式多管冷却器，如图 6-7 所示。油从进油口进入，从出油口流出；冷却水从右端盖 4 中部的进水口进入，通过多根水管 3 从左端盖 1 上的出水口流出，油在水管外面流过，三块隔板 2 用来增加油液的循环距离，以改善散热条件。水冷式冷却器的冷却效果较好。

冷却器一般应安装在回油路或在溢流阀的溢流管路上，图 6-8 所示为常见冷却器的安装位置。液压泵输出的压力油直接进入液压系统，已经发热的回油和溢流阀溢出的热油一起通过冷却器 1 进行冷却后，回到油箱。单向阀 2 起保护冷却器的作用。当不需要进行冷却时，可将截止阀 3 打开，使油直接回油箱。

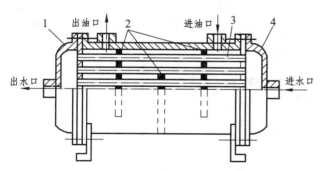

图 6-7   强制对流式多管冷却器
1—左端盖；2—隔板；3—水管；4—右端盖

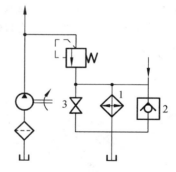

图 6-8   冷却器的连接方式
1—冷却器；2—单向阀；3—截止阀

2. 加热器

液压系统中油温过低时可使用加热器，一般常采用结构简单，能按需要自动调节最高、最低温度的电加热器。电加热器的安装方式如图 6-9 所示。电加热器水平安装，发热部分应全部浸入油中，安装位置应使油箱内的油液有良好的自然对流，单个加热器的功率不能太大，以避免其周围油液过度受热而变质。

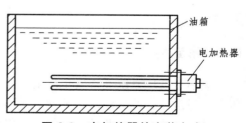

图 6-9   电加热器的安装方式

6.6　压力表和压力表开关

1. 压力表

液压系统各工作点的压力一般都使用压力表来进行观测。在液压系统中最常用的是弹簧管式压力表，其工作原理如图 6-10 所示。当压力油进入压力表后使弹簧弯管 1 变形，其曲率半径增大，通过杠杆 4 使扇形齿轮 5 摆动，经小齿轮 6 带动指针 2 偏转，从刻度盘 3 上即可读出压力值。

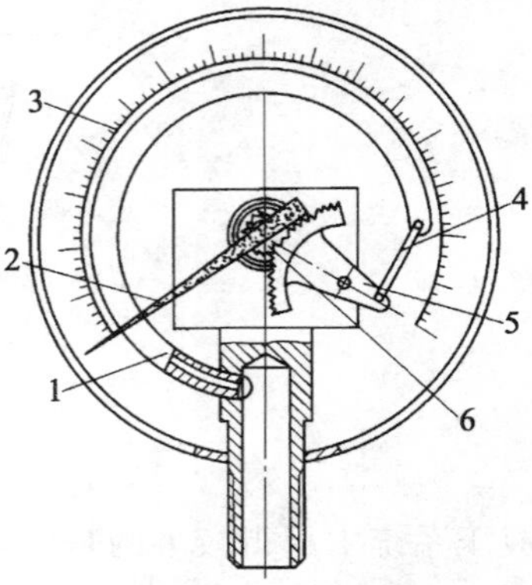

压力表有多种精度等级。普通精度的有 1、1.5、2.5 级；精密级的有 0.1、0.16、0.25 级等。

选用压力表测量压力时，其量程应比系统压力稍大，否则将影响压力表的使用寿命，一般取系统压力的 1.3～1.5 倍。压力表与压力管道连接时，应通过阻尼小孔，以防止被测压力突变而将压力表损坏。

2. 压力表开关

压力表开关用于接通或断开压力表与测量点的通路；开关中过油通道很小，以阻尼压力的波动和冲击，防止压力表的指针剧烈地摆动。

压力表开关，按其所能测量的测量点的数目分为一点、三点和六点几种；按连接方式分为管式和板式。多点压力表开关，可以使一个压力表和液压系统中几个被测量油路相通，以分别测量几个油路的压力。图 6-11 为一压力表开关的结构，图示位置为非测量位置，此时压力表由沟槽 a 和小孔 b 与油池相通。若将手柄推进去，沟槽 a 将测量点与压力表连通，并将压力表通往油池的通路切断，这时便可测出一个点的压力。若将手轮转到另一位置，便可测出另一点的压力。

图6-10　弹簧管式压力表的工作原理图
1—弹簧弯管；2—指针；3—刻度盘；4—杠杆；
5—扇形齿轮；6—小齿轮

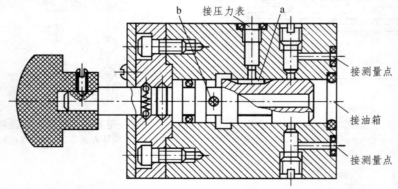

图 6-11　压力表开关

6.7　密封件

泄漏是液压系统经常发生的情况之一，泄漏会降低效率，严重时甚至不能建立起必要的压力；泄漏还会造成油液的浪费，污染环境，影响设备的使用寿命。密封是防止泄漏的最有效和最主要的方法，此外，密封还可以防止外部杂质侵入系统。按照密封部分的运动特性，密封可分为用于固定连接件之间的静密封和用于相对运动件之间的动密封两类。按工作原理的不同，密封又可分为接触密封和间隙密封。

1. 接触密封

接触密封常用的密封件是密封圈，它既可以用于静密封，也可以用于动密封。密封圈常以其端面形状命名，有 O 形、Y 形、YX 形、V 形等结构。密封圈尺寸及其安装沟槽尺寸均都已标准化，使用时可根据需要从液压设计手册中查取。

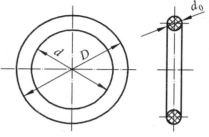

图 6-12 O 形密封圈

O 形密封圈如图 6-12 所示，其结构简单，密封性好，摩擦阻力小，易于制造，成本低，应用广泛，工作温度范围为 – 40 ~ +120 ℃，多用于静密封，也可用于动密封。用于静密封时工作压力可达 70 MPa；用于动密封时工作压力可达 40 MPa。当工作压力大于 10 MPa 时，为避免 O 形密封圈挤入缝隙，O 形密封圈的侧面应加装挡圈，如图 6-13 所示。

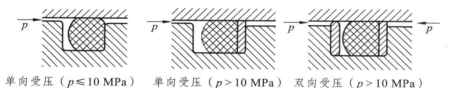

单向受压（$p \leqslant 10$ MPa）   单向受压（$p > 10$ MPa）   双向受压（$p > 10$ MPa）

图 6-13 O 形密封圈加挡圈

Y 形密封圈如图 6-14 所示，其工作压力不大于 20 MPa，温度范围为 – 30 ~ +80 ℃，一般用于轴和孔的相对移动，并且用于运动速度较高的场合。Y 形密封圈装配时其唇边应对着压力高的油腔，如图 6-14（b）所示。

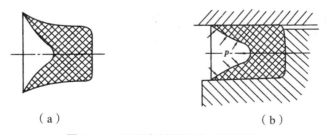

（a）   （b）

图 6-14 Y 形密封圈及密封原理图

YX 形密封圈如图 6-15 所示，其特点是两个唇边不等高，增加了底部支承宽度，可以避免摩擦力造成的密封圈的翻转和扭曲。YX 形密封圈分为孔用[见图 6-15（a）]和轴用[见图 6-15（b）]两种。

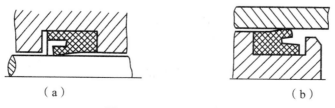

（a）   （b）

图 6-15 YX 形密封圈

V 形加织物密封圈由支承环、密封环和压环 3 个形状不同的零件组成，3 个环叠在一起使用，结构如图 6-16 所示。3 个环可以都用加织物耐油橡胶制成，也可用金属做支承环和压环，工作压力可达 50 MPa，温度范围为 – 40～+80 ℃。密封环的数量随工作压力的增高而增加，以保证其密封性，并可通过调节轴向压紧力来获得最佳的密封效果。V 形加织物密封圈可用于内径和外径的密封。V 形加织物密封圈密封性好，耐高压，寿命长，在直径大、压力高、行程长的情况下常采用，其缺点是摩擦阻力大，轴向尺寸长。

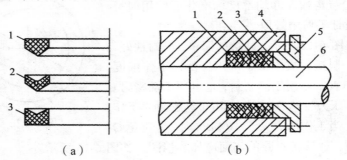

图 6-16   V 形密封圈

1—支承环；2—V 形圈；3—压环；4—缸体；5—端盖；6—柱塞

2. 间隙密封

间隙密封是依靠相对运动零件配合表面间的微小间隙（一般为 0.01～0.05 mm）来防止泄漏，是一种最简单的动密封方法。它广泛应用于油泵、马达和各种阀类中。例如，柱塞泵的柱塞与柱塞孔之间；阀芯与阀孔之间以及直径较小、压力较低的液压缸的活塞和缸体之间都常用间隙密封。

图 6-17 所示为间隙密封示意图。间隙密封的密封性能与间隙大小、压力差、配合表面的长度和直径以及加工精度等有关，其中以间隙的影响最大。在圆柱配合的间隙密封中，常在配合表面开几条环形的平衡槽，油在槽中形成涡流，减缓漏油的速度，同时还起到了使两配合件同轴和降低摩擦阻力、避免偏心而增加漏油量的作用。

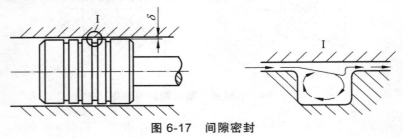

图 6-17   间隙密封

间隙密封具有结构简单、摩擦阻力小、磨损小和润滑性能好等优点，但缺点是密封效果差，密封性能随工作压力升高而变差，且不能自行补偿磨损。

3. 组合式密封装置

随着液压技术的应用日益广泛，系统对密封的要求越来越高，普通的密封圈单独使用已不能很好地满足密封性能，特别是使用寿命和可靠性方面的要求，因此，研究和开发了由包括密封圈在内的两个及其以上元件组成的组合式密封装置。

图 6-18（a）所示为 O 形密封圈与截面为矩形的聚四氟乙烯塑料滑环组成的组合密封装置。其中，滑环 2 紧贴密封面，O 形圈 1 为滑环提供弹性预压力，在介质压力等于零时构成密封，由于密封间隙靠滑环，而不是 O 形圈，因此摩擦阻力小而且稳定，可以用于 40 MPa 的高压；往复运动密封时，速度可达 15 m/s；往复摆动与螺旋运动密封时，速度可达 5 m/s。矩形滑环组合密封的缺点是抗侧倾能力稍差，在高低压交变的场合下工作容易漏油。

图 6-18（b）为由支持环 2 和 O 形圈 1 组成的轴用组合密封，由于支持环与被密封件 3 之间为线密封，其工作原理类似唇边密封。支持环采用一种经特别处理的化合物，具有极佳的耐磨性、低摩擦和保形性，不存在橡胶密封低速时易产生的"爬行"现象，工作压力可达 80 MPa。

组合式密封装置由于充分发挥了橡胶密封圈和滑环（支持环）的长处，因此不仅工作可靠，摩擦力低而稳定，而且使用寿命比普通橡胶密封提高近百倍，在工程上的应用日益广泛。

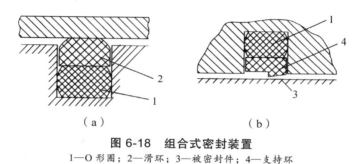

（a）   （b）

图 6-18　组合式密封装置
1—O 形圈；2—滑环；3—被密封件；4—支持环

4. 回转轴的密封装置

回转轴的密封装置形式很多，图 6-19 所示是一种耐油橡胶制成的回转轴用密封圈，它的内部有直角形圆环铁骨架支撑着，密封圈的内边围着一条螺旋弹簧，把内边收紧在轴上来进行密封。这种密封圈主要用作液压泵、液压马达和回转式液压缸的伸出轴的密封，以防止油液漏到壳体外部，它的工作压力一般不超过 0.1 MPa，最大允许线速度为 4~8 m/s，须在有润滑情况下工作。

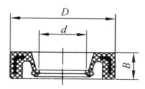

图 6-19　回转轴用密封圈

思考与练习

1. 简述油箱以及油箱内隔板的功能。
2. 油箱上装空气滤清器的目的是什么？

3. 根据经验，开式油箱有效容积为泵流量的多少倍？

4. 滤油器在选择时应该注意哪些问题？

5. 简述液压系统中安装冷却器的原因。

6. 油冷却器按冷却方式的不同分为哪两大类？

7. 简述蓄能器的功能。

8. 蓄能器有哪几类？常用的是哪一类？

项目7 液压基本回路

任何复杂的液压系统都是由一些简单的液压基本回路组成的。所谓液压基本回路，是由一些液压元件组成，并能实现某种规定功能的液压元件的组合，是液压系统的组成部分。液压系统是由若干个液压回路组成的，每一个液压回路是由一些相关的液压元件所组成的，并能完成液压系统的某一特定功能（如调速、调压等）。因此，只要对组成液压系统的各类液压回路的特点、组成方法、完成的功能以及它们与整个液压系统的关系进行研究，这样就可以掌握液压系统构成的基本规律，从而能方便、快速、准确地分析液压系统图和设计液压系统。

液压回路根据其完成的功能不同可分为以下几类：

（1）方向控制回路（如换向回路、锁紧回路等）；

（2）压力控制回路（如调压回路、保压回路、减压回路、增压回路、卸荷回路、平衡回路等）；

（3）速度控制回路（如调速回路、快速回路、速度换向回路等）；

（4）多缸工作控制回路（如顺序动作回路、同步回路、互锁回路、多缸快慢速互不干扰回路等）。

7.1 方向控制回路

方向控制回路是控制执行元件的启动、停止及换向的回路，通常包括换向回路和锁紧回路。

7.1.1 换向回路

运动部件的换向，一般采用各种换向阀来实现，在容积调速的闭式回路中，也可以利用双向变量泵来实现执行元件的换向。

对于单作用液压缸，可采用二位三通换向阀进行换向。双作用液压缸则一般采用二位四通（或五通）、三位四通（或五通）换向阀来进行换向，其换向阀的控制方式可根据不同用途进行选取。

图 7-1 为采用二位四通电磁换向阀的换向回路。其特点是使用方便，易于实现自动化，但换向冲击大，适用于小流量和平稳性要求不高的场合。对于流量较大（大于63 L/min）、换向精度和平稳性要求较高的液压系统，通常采用液动或电液动换向阀的换向回路。

7.1.2 锁紧回路

锁紧回路的功能是使执行元件停止在规定位置上，且能防止因外界影响而发生漂移或窜动。

通常采用 O 形或 M 形中位机能的三位换向阀构成锁紧回路，当换向阀中位接入回路时，

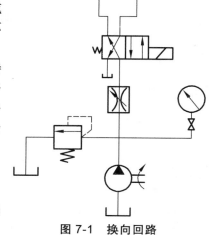

图 7-1 换向回路

执行元件的进、出油口都被封闭，可将执行元件锁紧不动。这种锁紧回路由于受到滑阀泄漏的影响，锁紧效果较差。

  图 7-2 为采用液控单向阀的锁紧回路。在液压缸的两侧油路上串接液控单向阀（液压锁），并采用中位机能为 H 形的三位换向阀，活塞可以在行程的任何位置停止并锁紧，其锁紧效果只受液压缸泄漏的影响，因此其锁紧效果较好。

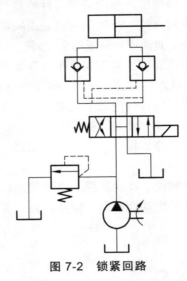

图 7-2 锁紧回路

  采用液控单向阀的锁紧回路，换向阀的中位机能应使液控单向阀的控制油液卸压（换向阀的中位机能应采用 H 形或 Y 形），以保证换向阀中位接入回路时，液控单向阀能立即关闭，活塞停止运动并锁紧。若换向阀的中位机能采用 O 形或 M 形，当换向阀处于中位时，由于控制油液仍然存在压力，液控单向阀不能立即关闭，直到换向阀由于泄漏使控制油液压力下降到一定值后，液控单向阀才能关闭，这就降低了锁紧效果。

7.2 压力控制回路

  压力控制回路是利用压力控制阀来控制液压系统整体或某一部分的压力，以满足液压执行元件对力或转矩要求的回路，这类回路主要包括调压、减压、增压、保压、卸荷和平衡等多种回路。

7.2.1 调压回路

  调压回路的功用是使液压系统整体或部分压力保持恒定或不超过某一个调定值。在定量泵系统中，液压泵的供油压力可以通过溢流阀来调节。在变量泵系统中用安全阀来限定系统的最高压力，防止系统过载。若系统中需要两种以上的压力，则可以采用多级调压回路。

1. 单级调压回路

  图 7-3（a）为定量泵系统中，用节流阀调节进入液压缸的流量，定量泵输出的流量大于进入液压缸的流量，而多余的油液便从溢流阀流回油箱。调节溢流阀的压力便可以调节

液压泵的供油压力，溢流阀的调定压力必须大于液压缸最高工作压力和油路中各种压力损失之和。

图7-3（b）为变量泵系统中，系统正常工作时，溢流阀阀口关闭；系统过载时，溢流阀阀口打开，多余油液从溢流阀流回油箱，从而限定系统的最高压力，防止系统过载。

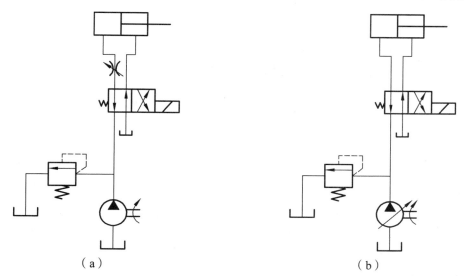

（a）   （b）

图 7-3 单级调压阀

2. 二级调压回路

图7-4为二级调压回路，可以实现两种不同的压力控制。由溢流阀2和溢流阀4各调一级，当二位二通电磁换向阀3处于图示位置时，系统压力由溢流阀2调定，当电磁换向阀3通电时，电磁换向阀3上位工作，系统压力由溢流阀4调定，但溢流阀4的调定压力必须低于溢流阀2的调定压力，否则溢流阀4不起作用。

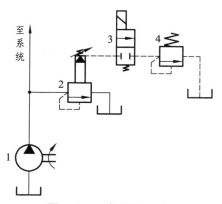

图 7-4 二级调压回路

1—液压泵；2—先导式溢流阀；3—二位二通电磁换向阀；4—远控溢流阀

3. 多级调压回路

图7-5所示为三级远程调压回路，远程调压阀2、3通过三位四通电磁换向阀4接在先导

式溢流阀 1 的遥控口上，液压泵 5 的最大压力随阀 4 左、右、中位置的不同而分别由远程调压阀 2、3 及先导式溢流阀 1 调定。先导式溢流阀 1 的设定压力必须大于每个远程调压阀的调定压力。

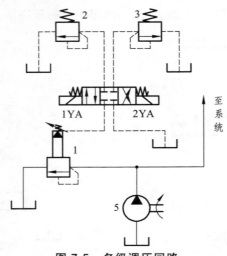

图 7-5　多级调压回路
1—先导式溢流阀；2，3—远程调压阀；4—三位四通电磁换向阀；5—液压泵

7.2.2　减压回路

当泵的输出压力是高压而局部回路或支路要求低压时，可以采用减压回路，如机床液压系统中的定位、夹紧、回路分度以及液压元件的控制油路等，它们往往要求比主油路较低的压力。减压回路较为简单，一般是在所需低压的支路上串接减压阀。采用减压回路虽能方便地获得某支路稳定的低压，但压力油经减压阀口时要产生压力损失，这是它的缺点。

最常见的减压回路为通过定值减压阀与主油路相连，如图 7-6（a）所示。回路中的单向

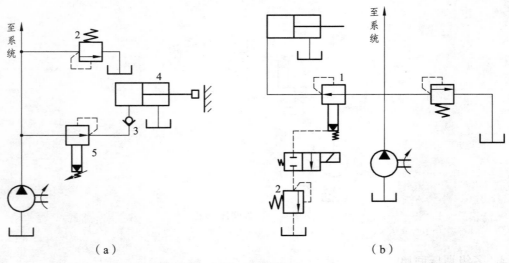

（a）　　　　　　　　　　　　　　　　　　（b）

图 7-6　减压回路
1—先导型减压阀；2—溢流阀；3—单向阀；4—液压缸；5—定值减压阀

阀 3 为主油路压力降低（低于减压阀调整压力）时防止油液倒流起短时保压作用，减压回路中也可以采用类似两级或多级调压的方法获得两级或多级减压。图 7-6（b）所示为利用先导型减压阀 1 的远控口接一远控溢流阀 2，则可由阀 1、阀 2 各调得一种低压。但要注意，阀 2 的调定压力值一定要低于阀 1 的调定压力值。

为了使减压回路工作可靠，减压阀的最低调整压力不应小于 0.5 MPa，最高调整压力至少应比系统压力小 0.5 MPa。当减压回路中的执行元件需要调速时，调速元件应放在减压阀的后面，以避免减压阀泄漏（指由减压阀泄油口流回油箱的油液）对执行元件的速度产生影响。

7.2.3　卸荷回路

在液压系统工作中，有时执行元件短时间停止工作，不需要液压系统传递能量，或者执行元件在某段工作时间内保持一定的力，而运动速度极慢，甚至停止运动，在这种情况下，不需要液压泵输出油液，或只需要很小流量的液压油，于是液压泵输出的压力油全部或绝大部分从溢流阀流回油箱，造成能量的无谓消耗，引起油液发热，使油液加快变质，而且还影响液压系统的性能及液压泵的寿命。为此，需要采用卸荷回路，即卸荷回路的功用是指在液压泵驱动电动机不频繁启闭的情况下，使液压泵在功率输出接近于零的情况下运转，以减少功率损耗，降低系统发热，延长液压泵和电动机的寿命。因为液压泵的输出功率为其流量和压力的乘积，因而两者任一值近似为零，功率损耗即近似为零。因此，液压泵的卸荷有流量卸荷和压力卸荷两种，前者主要是使用变量泵，使变量泵仅为补偿泄漏而以最小流量运转，此方法比较简单，但泵仍处在高压状态下运行，磨损比较严重；压力卸荷的方法是使泵在接近零压下运转。

常见的压力卸荷方式有以下几种：

1. 利用二位二通阀的卸荷回路

图 7-7 为利用二位二通换向阀的卸荷回路，当二位二通阀左位工作时，泵输出的油液经二位二通换向阀直接流回油箱，液压泵卸荷。此时，二位二通换向阀的额定流量必须和泵的流量相匹配。

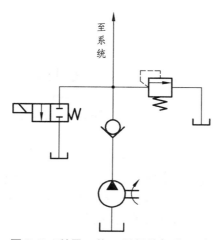

图 7-7　利用二位二通阀的卸荷回路

2. 利用换向阀中位机能的卸荷回路

M、H 和 K 形中位机能的三位换向阀处于中位时，泵即卸荷，如图 7-8 所示为采用 M 形中位机能的电液换向阀的卸荷回路，这种回路切换时压力冲击小，但回路中必须设置单向阀，以使系统能保持 0.3 MPa 左右的压力，供操纵控制油路之用。

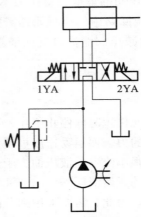

图 7-8　利用换向阀中位机能的卸荷回路

3. 利用先导型溢流阀的远程控制口卸荷

图 7-9 为图 7-4 去掉远控溢流阀 4，使先导型溢流阀的远程控制口直接与二位二通电磁阀相连，构成一种用先导型溢流阀的卸荷回路，这种卸荷回路卸荷压力小，切换时冲击也小。

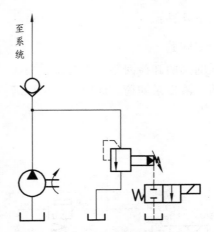

图 7-9　先导型溢流阀的远程控制口卸荷

7.2.4　保压回路

在液压系统中，常要求液压执行机构在一定的行程位置上停止运动或在有微小的位移下稳定地维持住一定的压力，这就要采用保压回路。最简单的保压回路是密封性能较好的液控单向阀的回路，但是阀类元件处的泄漏使得这种回路的保压时间不能维持太久。常用的保压回路有以下几种：

1. 利用液压泵的保压回路

利用液压泵的保压回路也就是在保压过程中，液压泵仍以较高的压力（保压所需压力）工作，此时，若采用定量泵则压力油几乎全经溢流阀流回油箱，系统功率损失大，易发热，故只在小功率的系统且保压时间较短的场合下才使用；若采用变量泵，在保压时泵的压力较高，但输出流量几乎等于零，因而，液压系统的功率损失小，这种保压方法能随泄漏量的变化而自动调整输出流量，因而其效率也较高。

2. 利用蓄能器的保压回路

如图 7-10 所示为利用蓄能器的保压回路，当主换向阀在左位工作时，液压泵向液压缸和蓄能器同时供油，并推动活塞右移；当液压缸向前运动且压紧工件时，进油路压力升高至调定值，卸荷阀打开，泵即卸荷，单向阀自动关闭，液压缸则由蓄能器保压。缸压不足时，卸荷阀关闭，液压泵又向蓄能器充油。

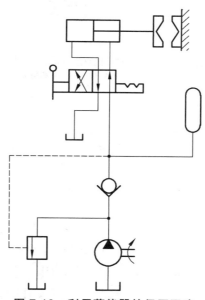

图 7-10 利用蓄能器的保压回路

7.2.5 增压回路

如果系统或系统的某一支油路需要压力较高但流量又不大的压力油，而采用高压泵又不经济，或者根本就没有必要增设高压力的液压泵时，就常采用增压回路，这样不仅易于选择液压泵，而且系统工作较可靠，噪声小。增压回路中提高压力的主要元件是增压缸或增压器。

1. 单作用增压缸的增压回路

如图 7-11 所示为利用增压缸的单作用增压回路，当系统在图示位置工作时，系统的供油压力 p_1 进入增压缸的大活塞腔，此时在小活塞腔即可得到所需的较高压力 p_2；当二位四通电磁换向阀右位接入系统时，增压缸返回，辅助油箱中的油液经单向阀补入小活塞。因而该回路只能间歇增压，所以称之为单作用增压回路。

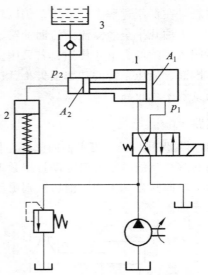

图 7-11　单作用增压缸的增压回路

1—增压缸；2—液压缸；3—辅助油箱

2. 双作用增压缸的增压回路

　　如图 7-12 所示为采用双作用增压缸的增压回路，能连续输出高压油。当液压缸的活塞左移，遇到大的负载时，系统压力升高，打开顺序阀 1，油液经阀 1、二位四通换向阀 3 进入双作用液压缸 2 中，增压缸活塞无论左移或右移，均能输出高压油。只要换向阀 3 不断切换，增压缸就不断地往复运动，高压油就连续经单向阀 7 或单向阀 8 进入液压缸 4 的右腔。液压缸 4 向右运动时增压回路不起作用。

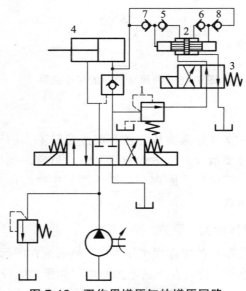

图 7-12　双作用增压缸的增压回路

1—顺序阀；2—双作用液压缸；3—二位四通换向阀；4—液压缸；5，6，7，8—单向阀

7.2.6　平衡回路

　　平衡回路的功用在于防止垂直或倾斜放置的液压缸和与之相连的工作部件因自重而自行下落。图 7-13 所示为采用单向顺序阀的平衡回路,当 1YA 得电后活塞下行时,回油路上就存在着一定的背压;只要将这个背压调得能支承住活塞和与之相连的工作部件自重,活塞就可以平稳地下落。当换向阀处于中位时,活塞就停止运动,不再继续下移。这种回路当活塞向下快速运动时功率损失大,锁住时活塞和与之相连的工作部件会因单向顺序阀和换向阀的泄漏而缓慢下落,因此,它只适用于工作部件质量不大、活塞锁住时定位要求不高的场合。图 7-14 为采用液控顺序阀的平衡回路。当活塞下行时,控制压力油打开液控顺序阀,背压消失,因而回路效率较高;当停止工作时,液控顺序阀关闭以防止活塞和工作部件因自重而下降。这种平衡回路的优点是只有上腔进油时活塞才下行,比较安全可靠;缺点是活塞下行时平稳性较差。这是因为活塞下行时,液压缸上腔油压降低,将使液控顺序阀关闭。当顺序阀关闭时,因活塞停止下行,使液压缸上腔油压升高,又打开液控顺序阀。因此,液控顺序阀始终工作于启闭的过渡状态,因而影响工作的平稳性。这种回路适用于运动部件质量不很大、停留时间较短的液压系统中。

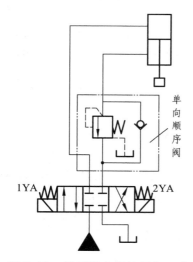

图 7-13　采用顺序阀的平衡回路

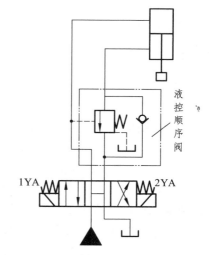

图 7-14　采用液控顺序阀的平衡回路

7.3　速度控制回路

　　速度控制回路是研究液压系统的速度调节和变换问题,常用的速度控制回路有调速回路、快速回路、速度换向回路等,下面分别对上述 3 种回路进行介绍。

7.3.1　调速回路

　　调速回路是用来调节执行元件的工作速度。由公式 $v = q/A$ 和 $n_M = q/V_M$ 可知:液压缸的工作速度是由输入流量 q 和液压缸的有效面积 A 决定的,液压马达的转速是由输入流量 q 和马达的排量 V_M 决定的。因此,控制进入液压缸或液压马达的流量 q 或改变液压马达的排量 V_M 即可实现对执行元件速度的调节。调速回路主要有以下 3 种方式:

（1）节流调速回路：由定量泵供油，用流量阀调节进入或流出执行机构的流量来实现调速；

（2）容积调速回路：用调节变量泵或变量马达的排量来调速；

（3）容积节流调速回路：用限压变量泵供油，由流量阀调节进入执行机构的流量，并使变量泵的流量与调节阀的调节流量相适应来实现调速。此外，还可采用几个定量泵并联，按不同速度需要，启动一个泵或几个泵供油实现分级调速。

1. 节流调速回路

节流调速回路是通过调节流量阀的通流截面面积大小来改变进入执行机构的流量，从而实现运动速度的调节。按流量控制阀在液压系统中的位置不同可分为进油、回油和旁通 3 种节流调速回路。

（1）进油节流调速回路。进油节流调速回路是将节流阀装在执行机构的进油路上，起调速作用，如图 7-15（a）所示。液压泵的供油压力是由溢流阀调定的，调节节流阀开口面积，便能控制进入液压缸的流量，即可以调节液压缸的运动速度，液压泵多余的油液经溢流阀流回油箱。这种回路活塞往返运动均为进油节流调速回路，也可以用单向节流阀串联在换向阀和液压缸进油腔之间，实现单向进油节流调速。

图 7-15（b）为进油节流调速回路的速度-负载特性曲线，它反映了回路中执行元件的速度 v 随负载 F 变化而变化的规律：曲线越陡，则说明速度受负载的影响越大，即速度刚性越差；曲线越平缓，则说明速度受负载的影响越小，即速度刚性越好。因此，从速度-负载特性曲线可知：

① 当节流阀通流面积 A_T 不变时，活塞的运动速度 v 随负载 F 的增加而降低，因此这种调速的速度-负载特性曲线较软。

② 当节流阀通流面积 A_T 一定时，重载区域曲线比轻载区域曲线陡，速度刚性较差。

③ 当负载不变时，速度刚性随节流阀通流面积的增大而降低，即高速时速度刚性低。

④ 在液压泵的供油压力 p_p 已调定的情况下，液压缸的最大承载能力 $F_{max} = p_p A$ 是恒定不变的（液压缸活塞有效面积不变），属恒推力（液压马达属恒转矩）调速。

进油节流调速回路适用于轻载、低速、负载变化不大和对速度稳定性要求不高的小功率液压系统，且要求系统负载为正值（负载的方向与活塞运动方向相反）。

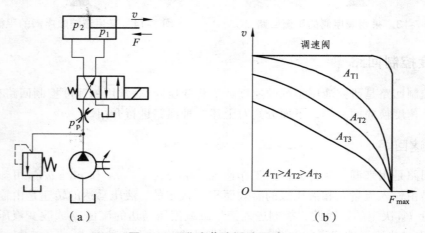

（a）   （b）

图 7-15　进油节流调速回路

（2）回油节流调速回路。回油节流调速回路是将节流阀装在执行机构的回油路上，起调速作用。如图 7-16 所示为节流阀串联在液压缸的回油路上，活塞的往复运动也属于回油节流调速。它是用节流阀调节液压缸的回油流量，也就控制了进入液压缸的流量，因此同进油节流调速回路一样可达到调速的目的。

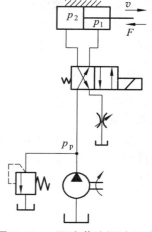

回油节流调速回路的速度-负载特性曲线与进油节流调速回路完全相同。但是这两种调速回路也存在不同之处：回油节流调速回路由于液压缸的回油腔存在背压，因而能够承受一定的负值负载，故其运动平稳性较好；回油节流调速回路，经过节流阀的发热后的油液直接流回油箱冷却，对液压缸泄漏影响较小；回油节流调速回路，在停车后，液压缸回油腔中的油液会由于泄漏而形成空隙，重新启动时由于进油路上没有节流阀控制流量，会使活塞产生前冲。

图 7-16 回油节流调速回路

（3）旁路节流调速回路。如图 7-17（a）所示为节流阀设置在与执行元件并联的支路上，用它来调节从支路流回油箱的流量，以间接控制进入液压缸的流量，从而达到调速的目的。回路中溢流阀的阀口常闭，起安全保护作用，因此液压泵的供油压力是随负载而变化的。

如图 7-17（b）所示为旁路节流调速回路的速度-负载特性曲线，由图可知该回路的特点：

① 增大节流阀的通流面积，活塞运动速度变小；当节流阀的通流面积不变时，负载增加，活塞的运动速度下降很快。

② 在负载一定时，节流阀的通流面积越小（活塞运动越高），其速度刚性越高，能承受的最大负载也就越大。

③ 液压泵的供油压力随负载的变化而变化，回路中只有节流损失而无溢流损失，因此这种回路的效率较高。

④ 因液压缸的回油腔无背压力，所以其运动平稳性较差，不能承受负值负载。

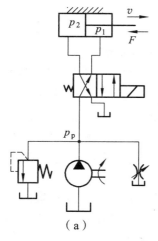

（a）

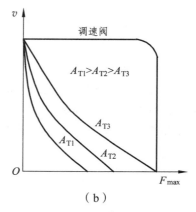

（b）

图 7-17 旁路节流调速回路

使用节流阀的节流调速回路，其速度刚性都比较低，在变负载下的运动平稳性也都较差，这主要是由于负载变化引起的节流阀前后压力差变化所产生的后果。如果用调速阀来代替节流阀，由图 7-15（b）和图 7-17（b）可知：其速度-负载特性曲线非常平缓，即提高了节流调速回路的速度刚性和运动平稳性，但会增大功率损失，降低回路效率。

2．容积调速回路

容积调速回路是通过改变液压泵或液压马达的排量来实现调速的。这种调速回路因无溢流和节流损失，故功率损失小，系统效率高，常用于大功率的液压系统。

根据液压泵和液压马达组合方式的不同，容积调速回路有：变量泵和定量执行元件（或液压缸）容积调速回路、定量泵和变量马达容积调速回路、变量泵和变量马达容积调速回路 3 种。

（1）变量泵和定量执行元件容积调速回路。图 7-18（a）为变量泵和液压缸组成的开式容积调速回路。改变液压泵 1 的排量就能调节液压缸活塞的运动速度，2 为安全阀。图 7-18（b）为变量泵和定量马达组成的闭式容积调速回路。定量马达 5 的输出转速是通过改变变量泵 3 的排量来实现的，4 为安全阀，辅助泵 3 是用来向闭式油路补油，其供油压力由低压溢流阀 6 来调定。

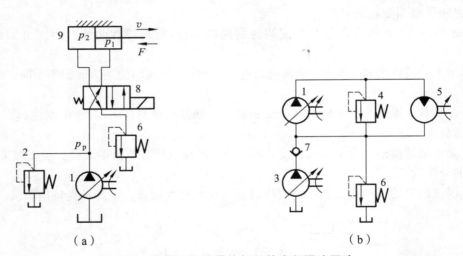

图 7-18　变量泵和定量执行元件容积调速回路

1—变量泵；2，4—安全阀；3—辅助泵；5—定量马达；6—溢流阀；7—单向阀；8—二位四通换向阀；9—液压缸

该回路的特性如下：

① 若不计压力和流量损失，液压缸活塞的运动速度 $v = q/A$，液压马达的转速 $n_M = q/V_M$，由于液压缸的有效面积 A 和液压马达的排量 V_M 为定值，所以调节变量泵的排量，即改变了变量泵的流量 q，便可以调节液压缸活塞的运动速度或液压马达的转速，且调速范围较大。

② 若不计压力和流量损失，液压马达的输出转矩 $T_M = p_p V_M/2\pi$，液压缸的推力 $F = p_p A$，其中 V_M 和 A 为定值，p_p 为变量泵的压力，由溢流阀 4 调定，液压马达（或液压缸）输出的最大转矩（或推力）不变，故这种调速属恒转矩（或恒推力）调速。

③ 若不计压力和流量损失，液压马达（或液压缸）的输出功率等于液压泵的输入功率，即 $P_M = P_p = p_p V_p n_p = p_p V_M n_M$。式中的压力 p_p、液压马达的排量 V_M 为常数，因此液压马达的输出功率随转速 n_M 呈线性变化。

（2）定量泵和变量马达容积调速回路。如图 7-19 所示，定量泵的输出流量不变，调节变量马达的排量 V_M，即可以改变液压马达的转速。4 为安全阀，1 为辅助泵，其供油压力由低压溢流阀 6 调定。

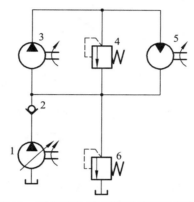

图 7-19　定量泵和变量马达容积调速回路
1—辅助泵；2—单向阀；3—定量液压泵；4—安全阀；5—变量马达；6—溢流阀

该回路的特性如下：

① 根据 $n_M = q_p/V_M$ 可知，液压马达的输出转速 n_M 与排量 V_M 成反比，但 V_M 过小，则液压马达的输出转矩将减小，甚至不能带动负载，故这种调速回路的调速范围较小。

② 由液压马达的转矩公式 $T_M = p_p V_M/2\pi$ 可知，若 V_M 减小，n_M 上升，则 T_M 下降。

③ 定量泵的输出流量 q_p 是不变的，泵的压力由安全阀 4 调定。若不计压力和流量损失，则液压马达输出的最大功率 $P_M = P_p = q_p p_p$ 是不变的，故这种调速属恒功率调速。

（3）变量泵和变量马达容积调速回路。如图 7-20 所示，双向变量泵 3 可以正反向供油，双向变量马达 10 可以正反向旋转，单向阀 4 和 5 用于实现双向补油，溢流阀 2 的调定压力应略高于溢流阀 9 的调定压力，以保证液控换向阀动作时，回路中的部分热油经溢流阀 9 排回

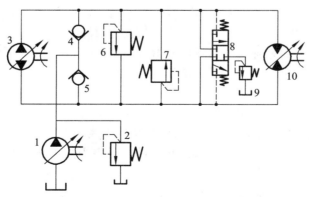

图 7-20　变量泵和变量马达容积调速回路
1—补油泵；2，9—溢流阀；3—双向变量泵；4，5—单向阀；6，7—安全阀；8—三位三通阀；10—双向变量马达

油箱，此时的补油泵 1 向回路输送冷却油液，这种调速回路是上述两种调速回路的组合，即调节变量泵 3 和变量马达 10 的排量均可改变液压马达的转速，所以其工作特性也是上述两种调速回路的综合，其理想情况下的特性曲线如图 7-21 所示。

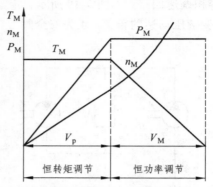

图 7-21　变量泵和变量马达容积调速回路工作特性曲线

这种回路在低速段将马达的排量固定在最大值上，由小到大调节泵的排量来调速，其最大输出转矩不变；在高速段将泵的排量固定在最大值上，由大到小调节液压马达的排量来调速，其最大输出功率不变。回路总的调速范围等于液压泵的调速范围与液压马达的调速范围的乘积，所以它适用于机床主运动等大功率的液压系统。

3. 容积节流调速回路

容积节流调速回路采用变量泵供油，用流量阀控制进入液压缸的流量，以调节液压缸活塞的运动速度，并可使液压泵的供油量自动地与液压缸所需要的流量相适应，这种调速回路没有流量损失，回路效率较高，速度刚性比容积调速回路好。

图 7-22 所示为限压式变量泵和调速阀组成的容积节流调速回路。调速阀装在进油路上（也可装在回油路上），调节调速阀便可以改变进入液压缸的流量，而限压式变量泵的输出流量 q_p 与通过调速阀进入液压缸的流量 q_1 相适应。例如，当减小调速阀的通流截面面积 A 时，在关小调速阀阀口的瞬间，泵的输出流量还来不及改变，于是出现了 $q_p > q_1$，导致泵的出口压力 p_p 增大，其反馈作用使变量泵的输出流量 q_p 自动减小到与调速阀的流量 q_1 相一致；反之，将调速阀的通流面积增大时，将出现 $q_p < q_1$，迫使泵的出口压力降低，其输出流量将自动增大到 $q_p \approx q_1$ 为止。

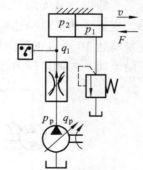

图 7-22　限压式变量泵和调速阀容积节流调速回路

图 7-23 所示为限压式变量泵和调速阀联合调速的特性曲线。图中曲线 1 为限压式变量泵的压力和流量特性曲线，曲线 2 为调速阀在某一开口的压力和流量特性曲线。a 点为液压缸 Δp 的工作点，此时通过调速阀进入液压缸的流量为 q_1，压力为 p_1。液压泵的工作点在 b 点，泵的输出流量与调速阀相适应均为 q_1，泵的工作压力为 p_p。如果限压式变量泵的限压螺钉调整得合理，在不计管路损失的情况下，可使调速阀保持最小稳定压差值，一般 $\Delta p = 0.5$ MPa。此时，不仅能使活塞的

运动速度不随负载而变化，而且通过调速阀的功率损失（图中阴影部分的面积）为最小，这种情况说明变量泵的限压值调节最为合理。如果 p_p 调得过低，会使 $\Delta p < 0.5$ MPa，这时调速阀中的减压阀将不能正常工作，输出流量随液压缸压力增加而下降，使活塞运动速度不稳定。如果在调节限压螺钉时将 Δp 调得过大，则功率损失增大，油液容易发热。

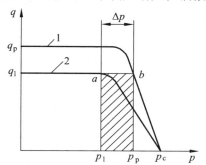

图 7-23 限压式变量泵和调速阀联合调速的特性曲线

7.3.2 快速运动回路

快速运动回路是使执行元件在空载时获得所需的高速运动，以提高系统的工作效率，常用的快速运动回路有以下几种：

1. 差动连接快速运动回路

如图 7-24 所示，该回路是单杆液压缸通过二位三通电磁换向阀 4 形成差动连接。当只有电磁铁 1YA 得电时，换向阀左位工作，压力油将同时进入液压缸 7 的左右两腔，由于活塞左端受力面积大，液压缸形成差动连接使活塞右移，实现快速运动；这时，当电磁铁 3YA 也得电时，换向阀右位进入工作，差动连接则被切断，压力油只能进入缸的左腔，液压缸右腔经调速阀 5 回油，实现满速运动完成工作进给；当电磁铁 2YA、3YA 同时得电时，压力油经阀 3、阀 6、阀 4 进入液压缸右腔，液压缸左腔回油，活塞快速退回。

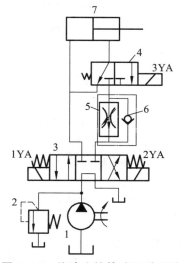

图 7-24 差动连接快速运动回路

1—液压泵；2—溢流阀；3—三位四通电磁换向阀；4—二位三通电磁换向阀；5—调速阀；6—单向阀；7—液压缸

2. 双泵供油的快速运动回路

如图 7-25 所示，该回路是为双泵供油的快速运动回路。液压泵 1 为高压小流量泵，其流量应略大于最大工进速度所需的流量，其流量与泵 2 流量之和应等于液压系统快速运动所需的流量，其工作压力由溢流阀 5 调定。泵 2 为低压大流量泵（两泵的流量也可相等），其工作压力应低于液控顺序阀 3 的调定压力。

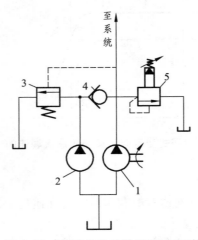

图 7-25 双泵供油的快速运动回路
1—高压小流量泵；2—低压大流量泵；3—液控顺序阀；4—单向阀；5—溢流阀

空载时，液压系统的压力低于液控顺序阀 3 的调定压力，阀 3 关闭，泵 2 输出的油液经单向阀 4 与泵 1 输出的油液汇集在一起进入液压缸，从而实现快速运动。当系统工作进给承受负载时，系统的压力升高至大于阀 3 的调定压力，阀 3 打开，单向阀 4 关闭，泵 2 的油液经阀 3 流回油箱，泵 2 处于卸荷状态。此时，系统仅由泵 1 供油，实现满速进给，其工作压力由阀 5 调节。

这种快速回路功率利用合理，效率较高；缺点是回路较复杂，成本较高，常用于快、慢速差值较大的组合机床和注塑机等设备的液压系统中。

3. 采用蓄能器的快速运动回路

如图 7-26 所示，该回路是用蓄能器的快速运动回路，它采用蓄能器 4 与液压泵 1 协同工作实现快速运动。它适用于短时间内需要大流量的液压系统中。当换向阀 5 处于中位，液压缸不工作时，液压泵 1 经单向阀 2 向蓄能器 4 充油。当蓄能器内的油压达到液控顺序阀 3 的调定压力时，阀 3 被打开，使液压泵卸荷。当换向阀 5 处于左位或右位，液压缸工作时，液压泵 1 和蓄能器 4 同时向液压缸供油，使其实现快速运动。

这种快速回路可用较小流量的泵获得较高的运动速度。其缺点是蓄能器充油时，液压缸须停止工作，在时间上有些浪费。

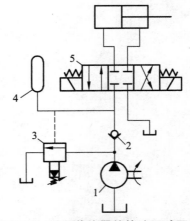

图 7-26 采用蓄能器的快速运动回路
1—液压泵；2—单向阀；3—液控顺序阀；
4—蓄能器；5—换向阀

4. 采用增速缸的快速回路

如图 7-27 所示，该回路中的增速缸是由活塞缸和柱塞缸复合而成的。当电磁铁 1YA 通电时，换向阀左位工作，液压泵输出的压力油经柱塞孔进入 3 腔，使活塞快进，增速缸 1 腔内产生局部真空，便通过液控单向阀 5 从油箱 6 中补油。活塞快进结束时，使电磁铁 3YA 通电，阀 4 右位工作，压力油便同时进入增速缸 1 腔和 3 腔，此时因活塞有效工作面积增大，便可获得大的推力、低速运动，以实现工作进给。当电磁铁 2YA 通电时，压力油进入 3 腔，同时打开液控单向阀 5，活塞快退。这种回路功率利用较合理，但结构较为复杂，常用于液压机液压系统。

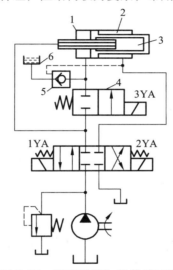

图 7-27　采用增速缸的快速回路
1，3—工作腔；2—增速缸；4—换向阀；5—液控单向阀；6—油箱

7.3.3　速度转换回路

设备工作部件在实现自动工作循环过程中，需要进行速度的转换。例如，由快速转换成慢速的工作，或两种慢速的转换等。这种实现速度转换的回路，应能保证速度转换的平稳、可靠，不出现前冲现象。

1. 快慢速转换回路

（1）用电磁换向阀的快慢速转换回路。如图 7-28 所示，该回路是利用二位二通电磁换向阀与调速阀并联实现快速转慢速的回路。当图中电磁铁 1YA 和 3YA 同时通电时，压力油经阀 4 进入液压缸左腔，液压缸右腔回油，工作部件实现快进；当运动部件上的挡块碰到行程开关使 3YA 电磁铁断电时，阀 4 油路断开，压力油经调速阀 5 进入液压缸左腔，液压缸的右腔回油，工作部件以阀 5 调节的速度实现工作进给。这种速度转换回路，速度换接快，行程调节比较灵活，电磁阀可安装在液压阀的阀板上，也便于实现自动控制，应用很广泛。其缺点是平稳性较差。

（2）用行程阀的快慢速转换回路。如图 7-29 所示，该回路是用单向行程阀的快慢速转换回路。当电磁铁 1YA 通电时，压力油进入液压缸左腔，液压缸右腔经行程阀 5 回油，工作部件实现快速运动。当工作部件上的挡块压下行程阀时，其回路被切断，液压缸右腔油液只能经过调速阀 6 流回油箱，从而转变为慢速运动。

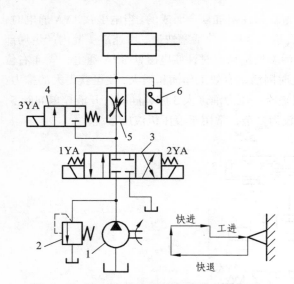

图 7-28　用电磁换向阀的快慢速转换回路
1—液压泵；2—溢流阀；3—三位四通电磁换向阀；
4—二位二通电磁换向阀；5—调速阀；6—行程开关

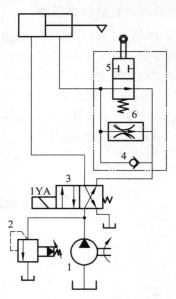

图 7-29　用行程阀的快慢速转换回路
1—液压泵；2—溢流阀；3—电磁换向阀；4—单向阀；
5—行程阀；6—调速阀

在这种回路中，行程阀的阀口是逐渐关闭（或开启）的，速度的换接比较平稳，比采用电器元件更可靠。其缺点是行程阀必须安装在运动部件附近，有时管路接得很长，压力损失较大，因此多用于大批量生产的专机液压系统中。

2. 两种慢速转换回路

（1）调速阀串联的慢速转换回路。如图 7-30 所示，该回路是由调速阀 3 和 4 串联组成的慢速转换回路。当电磁铁 1YA 通电时，压力油经调速阀 3 和二位二通电磁阀左位进入液压缸左腔，液压缸右腔回油，运动部件得到由阀 3 调节的第一种慢速运动。当电磁铁 1YA 和 3YA 同时通电时，压力油须经调速阀 3 和调速阀 4 进入液压缸的左腔，液压缸右腔回油。由于调速阀 4 的开口比调速阀 3 的开口小，因而运动部件得到由阀 4 调节的第二种更慢的运动速度，实现了两种慢速的转换。

在这种回路中，调速阀 4 的开口必须比调速阀 3 的开口小，否则调速阀 4 将不起作用。该种回路常用于组合机床中实现二次进给的油路中。

（2）调速阀并联的慢速转换回路。如图 7-31（a）所示，该回路是调速阀 4 和 5 并联组成的慢速转换回路。当电磁铁 1YA 通电时，压力油经调速阀 4 进入液压缸左腔，液压缸右腔回油，工作部件得到由阀 4 调节的第一种慢速运动，这时阀 5 不起作用；当电磁铁 1YA 和 3YA 同时通电时，压力油须经调速阀 5 进入液

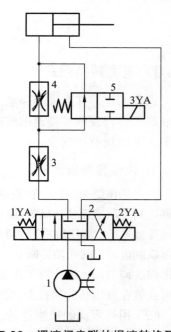

图 7-30　调速阀串联的慢速转换回路
1—液压泵；2—三位四通电磁换向阀；
3，4—调速阀；5—二位二通电磁换向阀

压缸的左腔，液压缸右腔回油。工作部件得到由阀5调节的第二种慢速运动，这时阀4不起作用。

这种回路当一个调速阀工作时，另一个调速阀的油路被封死，其减压阀口全开。当电磁换向阀换位，其出油口与油路接通的瞬时，压力突然减小，减压阀口来不及关小，瞬时流量增加，会使工作部件出现前冲现象。

如果将二位三通换向阀换为二位五通换向阀，并按图 7-31（b）所示的接法连接。当一个调速阀工作时，另一个调速阀仍有油液流过，且它的阀口前后保持一定的差值，其内部减压阀开口较小，换向阀换位使其接入油路工作时，出口压力不会减小，因而可克服工作部件的前冲现象，使速度换接平稳。但这种回路有一定的能量损失。

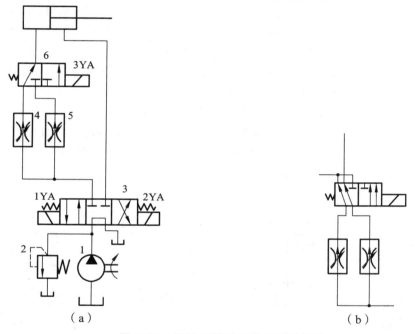

（a）　　　　　　　　　　　（b）

图 7-31　调速阀并联的慢速转换回路
1—液压泵；2—溢流阀；3—三位四通电磁换向阀；4，5—调速阀；6—二位三通电磁换向阀

7.4　多缸工作控制回路

在液压系统中，一个油源往往要驱动多个液压缸或液压马达工作。系统工作时，要求这些执行元件或顺序动作，或同步动作，或互锁，或防止互相干扰，因而需要实现这些要求的各种多缸工作控制回路。

7.4.1　顺序动作回路

顺序动作回路的功用是使多缸液压系统中的各液压缸按规定的顺序动作。它可分为行程控制回路和压力控制回路两大类。

1. 行程控制的顺序动作回路

如图 7-32（a）所示，该回路是用行程阀 2 及电磁阀 1 控制 A、B 两液压缸实现①、②、

③、④工作顺序的回路，在图示状态下 A、B 两液压缸活塞均处于右端位置。当电磁阀 1 通电时，压力油进入 B 缸右腔，B 缸左腔回油，其活塞左移实现动作①；当 B 缸工作部件上的挡块压下行程阀 2 后，压力油进入 A 缸右腔，A 缸左腔回油，其活塞左移实现动作②。当电磁阀 1 断电时，压力油先进入 B 缸左腔，B 缸右腔回油，其活塞右移，实现动作③；当 B 缸运动部件上的挡块离开行程阀使其恢复下位工作时，压力油经行程阀进入 A 缸的左腔，A 缸右腔回油，其活塞右移实现动作④。

这种回路工作可靠，动作顺序的换接平稳，但改变工作顺序困难，且管路长，压力损失大，不易安装，主要用于专用机械的液压系统中。

如图 7-32（b）所示，该回路是用行程开关控制电磁换向阀 3、4 的通电顺序来实现 A、B 两液压缸按①、②、③、④顺序动作的回路。在图示状态下，电磁阀 3、4 均不通电，两液压缸的活塞均处于右端位置。当电磁阀 3 通电时，压力油进入 A 缸的右腔，其左腔回油，活塞左移实现动作①；当 A 缸工作部件上的挡块碰到行程开关 S_1 时，S_1 发出信号使电磁阀 4 通电换为左位工作。这时压力油进入 B 缸右腔，B 缸左腔回油，活塞左移实现动作②；当 B 缸工作部件上的挡块碰到行程开关 S_2 时，S_2 发出信号使电磁阀 3 断电换为右位工作。这时压力油进入 A 缸左腔，其右腔回油，活塞右移实现动作③；当 A 缸工作部件上的挡块碰到行程开关 S_3 时，S_3 发出信号使电磁阀 4 断电换为右位工作。这时压力油进入 B 缸左腔，B 缸右腔回油，活塞右移实现动作④。当 B 缸工作部件上的挡块碰到行程开关 S_4 时，S_4 发出信号使电磁阀 3 通电，开始下一个工作循环。

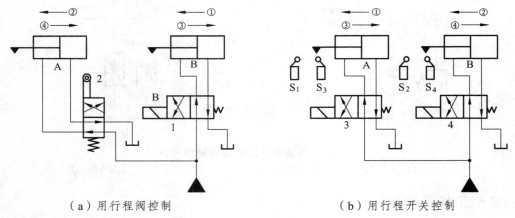

（a）用行程阀控制　　　　　　　　　（b）用行程开关控制

图 7-32　行程控制顺序动作回路
1，3，4—电磁阀；2—行程阀

这种回路的优点是控制灵活、方便，其动作顺序更换容易，液压系统简单，易实现自动控制。但顺序转换时有冲击声，位置精度与工作部件的速度和质量有关，而可靠性则由电器元件的质量决定。

2. 压力控制的顺序动作回路

如图 7-33 所示，该回路为用普通单向顺序阀 2、3 与电磁换向阀 1 配合动作，使 A、B 两液压缸实现①、②、③、④顺序动作的回路。图示位置，换向阀 1 处于中位停止状态，A、B 两液压缸的活塞均处于左端位置。当电磁铁 1YA 通电，阀 1 左位工作时，压力油先进入 A

缸左腔，其右腔经阀 2 中单向阀回油，其活塞右移实现动作①；当 A 缸活塞行至终点停止时，系统压力升高。当压力升高到阀 3 中顺序阀的调定压力时，顺序阀开启，压力油进入 B 缸左腔，B 缸右腔回油，活塞右移实现动作②。当电磁铁 2YA 通电，阀 1 右位工作时，压力油先进入 B 缸右腔，B 缸左腔经阀 3 中的单向阀回油，其活塞左移实现动作③；当 B 缸活塞左移至终点停止时，系统压力升高。当压力升高到阀 2 中顺序阀的调定压力时，顺序阀开启，压力油进入 A 缸右腔，A 缸左腔回油，活塞左移实现动作④。当 A 缸活塞左移至终点时，可用行程开关控制电磁换向阀 1 断电换为中位停止，也可再使 1YA 电磁铁通电开始下一个工作循环。

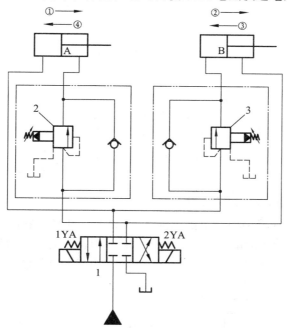

图 7-33 压力控制的顺序动作回路

1—电磁换向阀；2，3—单向顺序阀

这种回路工作可靠，可以按照要求调整液压缸的动作顺序。顺序阀的调整压力应比先动作液压缸的最高工作压力高（中压系统须高 0.8 MPa 左右），以免在系统压力波动较大时产生误动作。

7.4.2 同步回路

使两个或多个液压缸在运动中保持相同速度或相同位移的回路，称为同步回路。例如，龙门刨床的横梁、轧钢机的液压系统均需同步运动回路。

1. 用调速阀控制的同步回路

如图 7-34 所示，该回路为用两个单向调速阀控制并联液压缸的同步回路。图中两个调速阀可分别调节进入两个并联液压缸下腔的流量，使两液压缸向上伸出的速度相等，这种回路可用于两液压缸有效工作面积相等时，也可用于两缸有效面积不相等时。其结构简单，使用方便，且可以调速。其缺点是受油温变化和调速阀性能差异的影响，不易保证位置同步，速度的同步精度也较低，一般为 5% ~ 7%，该回路适用于同步精度要求不高的液压系统。

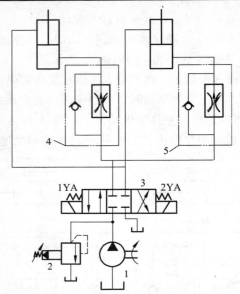

图 7-34　调速阀控制并联液压缸的同步回路
1—液压泵；2—溢流阀；3—电磁换向阀；4，5—单向调速阀

2. 带补偿装置的串联液压缸同步回路

如图 7-35 所示，该回路中的两个液压缸 A、B 串联，B 缸下腔的有效工作面积等于 A 缸上腔的有效工作面积。若无泄漏，两缸可同步下行。但由于有泄漏及制造误差，因此两缸同步误差较大。采用液控单向阀 3、电磁换向阀 2 和 4 组成的补偿装置，可使两缸每一次下行终点的位置同步误差得到补偿。

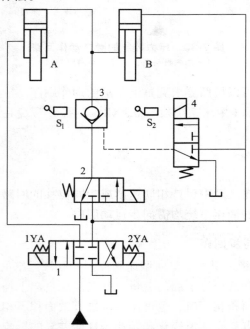

图 7-35　带补偿装置的串联液压缸同步回路
1，2，4—电磁换向阀；3—液控单向阀

其补偿的原理是：当换向阀 1 右位工作时，压力油进入 B 缸上腔，B 缸下腔油液流入 A 缸上腔，A 缸下腔回油，这时两活塞同步下行。若 A 缸活塞先到达终点，它就触动行程开关 S_1 使电磁换向阀 4 通电换为上位工作。这时压力油经阀 4 将液控单向阀 3 打开，同时继续进入 B 缸上腔，B 缸下腔的油液可经单向阀 3 及电磁换向阀 2 流回油箱，使 B 缸活塞能继续下行到终点位置。若 B 缸活塞先到达终点，它就触动行程开关 S_2 使电磁换向阀 2 通电换为右位工作。这时压力油可经阀 2、阀 3 继续进入 A 缸上腔，使 A 缸活塞继续下行到终点位置。

这种回路适用于终点位置同步精度要求较高的小负载液压系统。

7.4.3 互锁回路

在多缸工作的液压系统中，有时要求在一个液压缸运动时不允许另一个液压缸有任何运动，因此常采用液压缸互锁回路。

如图 7-36 所示，该回路为双缸并联互锁回路。当三位六通电磁换向阀 5 处于中位，液压缸 B 停止工作时，二位二通液动换向阀 1 右端的控制油路（虚线）经阀 5 中位与油箱连通，因此其左位接入系统。这时压力油可经阀 1、阀 2 进入 A 缸使其工作。当阀 5 左位或右位工作时，压力油可进入 B 缸使其工作。这时压力油还进入了阀 1 右端使其右位接入系统，因而切断了 A 缸的进油路，使 A 缸不能工作，从而实现了两缸运动的互锁。

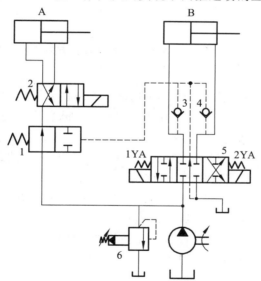

图 7-36 双缸并联互锁回路

1—二位二通液动换向阀；2—二位四通电磁换向阀；3，4—单向阀；5—三位六通电磁换向阀；6—溢流阀

7.4.4 多缸快慢速互不干扰回路

在一泵多缸的液压系统中，往往会出现由于一个液压缸转为快速运动的瞬时，吸入相当大的流量而造成系统压力的下降，影响其他液压缸工作的平稳性。因此，在速度平稳性要求较高的多缸系统中，常采用快慢速互不干扰回路。

如图 7-37 所示，该回路为采用双泵分别供油的快慢速互不干扰回路。液压缸 A、B 均需完成"快进—工进—快退"自动工作循环，且要求工进速度平稳。该油路的特点是：两缸的"快进"和"快退"均由低压大流量泵 2 供油，两缸的工进均由高压小流量泵 1 供油。快速和慢速的供油通道不同，因而避免了互相干扰。

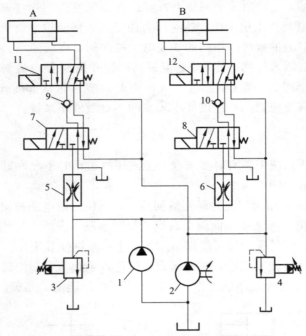

图 7-37　采用双泵分别供油的快慢速互不干扰回路
1—高压小流量泵；2—低压大流量泵；3，4—溢流阀；5，6—调速阀；7，8，11，12—电磁换向阀；9，10—单向阀

　　图示位置电磁换向阀 7、8、11、12 均不通电，液压缸 A、B 活塞均处于左端位置。当阀 11、阀 12 通电左位工作时，泵 2 供油，压力油经阀 7、阀 11 与 A 缸两腔相通，使 A 缸活塞差动快进；同时泵 2 的压力油经阀 8、阀 12 与 B 缸两腔相连，使 B 缸活塞差动快进。当阀 7、阀 8 通电左位工作，阀 11、阀 12 断电换为右位时，液压泵 2 的油路被封闭不能进入液压缸 A、B。泵 1 供油，压力油经调速阀 5、换向阀 7 左位、单向阀 9、换向阀 11 右位进入 A 缸左腔，A 缸右腔经阀 11 右位、阀 7 左位回油，A 缸活塞实现工进，同时泵 1 压力油经调速阀 6、换向阀 8 左位、单向阀 10、换向阀 12 右位进入 B 缸左腔，B 缸右腔经阀 12 右位、阀 8 左位回油，B 缸活塞实现工进。这时若 A 缸工进完毕，使阀 7、阀 11 均通电换为左位，则 A 缸换为泵 2 供油快退。其油路为：泵 2 经阀 11 左位进入 A 缸右腔，A 缸左腔经阀 11 左位、阀 7 左位回油。这时由于 A 缸不由泵 1 供油，因而不会影响 B 缸工进速度的平稳性。当 B 缸工进结束，阀 8、阀 12 均通电换为左位，也由泵 2 供油实现快退。由于快退时为空载，对速度平稳性要求不高，故 B 缸转为快退时，对 A 缸快退无太大影响。

　　两缸工进时的工作压力由泵 1 出口处的溢流阀 3 确定，压力较高；两缸快速时的工作压力由泵 2 出口处的溢流阀 4 限定，压力较低。

思考与练习

　　1. 如图 7-38 所示的回路，泵的供油压力有几级？各为多大？

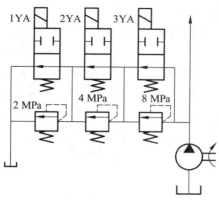

图 7-38 题 1 图

2. 在图 7-39 所示的回路中，已知活塞运动时的负载 $F = 1.2$ kN，活塞面积为 $1\,500$ cm^2，溢流阀调整值为 4.5 MPa，两个减压阀的调整值分别为 $p_{J1} = 3.5$ MPa 和 $p_{J2} = 2$ MPa，如油液流过减压阀及管路时的损失可忽略不计，试确定活塞在运动时和停在终端位置处时，A、B、C 三点的压力值。

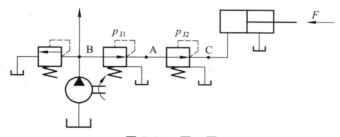

图 7-39 题 2 图

3. 如图 7-40 所示,已知负载 F 在 $300 \sim 30\,000$ N 变化，活塞的有效工作面积 $A = 50 \times 10^{-4}$ m^2，若溢流阀调定压力为 4.5 MPa，问是否合适？为什么？

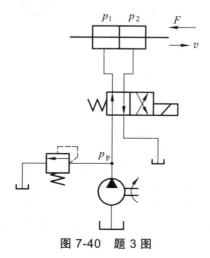

图 7-40 题 3 图

4. 如图 7-41 所示，液压缸无杆腔有效面积 $A_1 = 100\ cm^2$，有杆腔有效面积 $A_2 = 50\ cm^2$，液压泵的额定流量为 10 L/min。试确定：

（1）若节流阀开口允许通过的流量为 6 L/min，活塞向左移动的速度 v_1 是多少？其返回速度 v_2 是多少？

（2）若将此节流阀串接在回油路上（其开口不变）时，v_1 是多少？v_2 是多少？

（3）若节流阀的最小稳定流量为 0.5 L/min，该液压缸能得到的最低速度是多少？

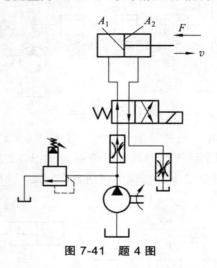

图 7-41　题 4 图

5. 如图 7-42 所示，已知两液压缸的活塞面积相同，液压缸无杆腔有效面积 $A = 20 \times 10^{-4}\ m^2$，但负载分别为 $F_1 = 8\ 000\ N$、$F_2 = 4\ 000\ N$，如溢流阀的调定压力为 4.5 MPa，试分析当减压阀压力调整为 1 MPa、2 MPa、4 MPa 时，两液压缸的动作情况。

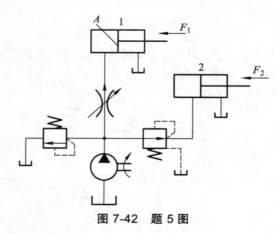

图 7-42　题 5 图

6. 如图 7-43 所示的回路，能否实现"缸 1 先夹紧工件后，缸 2 再移动"的要求？为什么？夹紧缸的速度能否进行调节？为什么？

7. 如图 7-44 所示的回路实现"快进—工进—快退"工作循环，如设置压力继电器的目的是为了控制活塞换向。试问，图中有哪些错误之处？应如何改正？

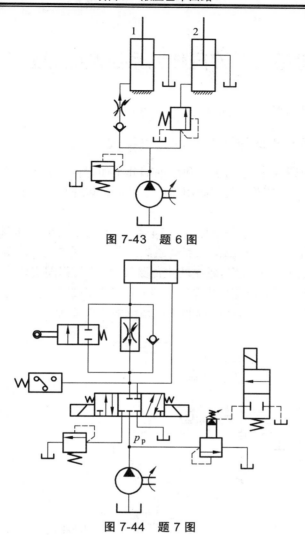

图 7-43　题 6 图

图 7-44　题 7 图

项目 8　液压传动系统及故障分析

8.1　YT4543 型组合机床液压系统

8.1.1　YT4543 型组合机床液压系统的工作原理

　　组合机床液压系统主要由通用滑台和辅助部分（如定位、夹紧）组成。动力滑台本身不带传动装置，可根据加工需要安装不同用途的主轴箱，以完成钻、扩、铰、镗、刮端面、铣削及攻丝等工序。

　　图 8-1 所示为带有液压夹紧的他驱式 YT4543 型动力滑台的液压系统原理图，这个系统采用限压式变量泵供油，并配有二位二通电磁阀卸荷，变量泵与进油路的调速阀组成容积节流调速回路，用电液换向阀控制液压系统的主油路换向，用行程阀实现快进和工进的速度换接。它可实现多种工作循环，下面以定位夹紧→快进→一工进→二工进→死挡铁停留→快退→原位停止松开工件的自动工作循环为例，说明液压系统的工作原理。

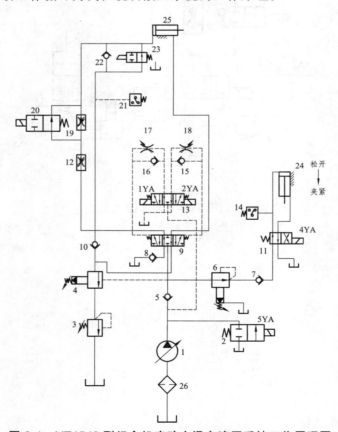

图 8-1　YT4543 型组合机床动力滑台液压系统工作原理图

1—液压泵；2，11，13，20—电磁换向阀；3—背压阀；4—液控顺序阀；5，7，8，10，15，16，22—单向阀；
6—减压阀；9—液动换向阀；12，19—调速阀；14，21—压力继电器；17，18—节流阀；
23—行程阀；24—夹紧缸；25—进给缸；26—过滤器

1. 夹紧工件

夹紧油路一般所需压力要求小于主油路,故在夹紧油路上装有减压阀 6,以降低夹紧缸的压力。

按下启动按钮,泵启动并使电磁铁 4YA 通电,夹紧缸 24 松开,以便安装并定位工件。当工件定好位以后,发出信号使电磁铁 4YA 断电,夹紧缸活塞夹紧工作。其油路:泵 1→单向阀 5→减压阀 6→单向阀 7→换向阀 11 左位→夹紧缸上腔,夹紧缸下腔的回油→换向阀 11 左位回油箱。于是夹紧缸活塞下移夹紧工件。单向阀 7 用以保压。

2. 进给缸快进

当工件夹紧后,油压升高,压力继电器 14 发出信号使 1YA 通电,电磁换向阀 13 和液动换向阀 9 均处于左位。

进油路:泵 1→单向阀 5→液动换向阀 9 左位→行程阀 23 右位→进给缸 25 左腔。

回油路:进给缸 25 右腔→液动换向阀 9 左位→单向阀 10→行程阀 23 右位→进给缸 25 左腔。

于是形成差动连接,液压缸 25 快速前进。因快速前进时负载小,压力低,故顺序阀 4 打不开(其调节压力应大于快进压力),变量泵以调节好的最大流量向系统供油。

3. 一工进

当滑台快进到达预定位置(即刀具趋近工件位置)时,挡铁压下行程阀 23,于是调速阀 12 接入油路,压力油必须经调速阀 12 才能进入进给缸左腔,负载增大,泵的压力升高,打开液控顺序阀 4,单向阀 10 被高压油封死。

进油路:泵 1→单向阀 5→换向阀 9 左位→调速阀 12→换向阀 20 右位→进给缸 25 左腔。

回油路:进给缸 25 右腔→换向阀 9 左位→顺序阀 4→背压阀 3→油箱。

一工进的速度由调速阀 12 调节。由于此压力升高到大于限压式变量泵的限定压力 p_B,泵的流量便自动减小到与调速阀的节流量相适应。

4. 二工进

当第一工进到位时,滑台上的另一挡铁压下行程开关,使电磁铁 3YA 通电,于是阀 20 左位接入油路,由泵来的压力油须经调速阀 12 和 19 才能进入液压缸 25 的左腔。其他各阀的状态和油路与一工进相同。二工进速度由调速阀 19 来调节,但阀 19 的调节流量必须小于阀 12 的调节流量,否则调速阀 19 将不起作用。

5. 死挡铁停留

当被加工工件为不通孔且轴向尺寸要求严格,或需刮端面等情况时,则要求实现死挡铁停留。当滑台二工进到位碰上预先调好的死挡铁,活塞不能再前进,停留在死挡铁处,停留时间用压力继电器 21 和时间继电器(装在电路上)来调节和控制。

6. 快速退回

滑台在死挡铁上停留后,泵的供油压力进一步升高,当压力升高到压力继电器 21 的预调动作压力时(这时压力继电器入口压力等于泵的出口压力,其压力增值主要取决于调速阀 19 的压差),压力继电器 21 发出信号,使 1YA 断电,2YA 通电,换向阀 13 和 9 均处于右位。

进油路:泵 1→单向阀 5→换向阀 9 右位→进给缸 25 右腔。

回油路:进给缸 25 左腔→单向阀 22→换向阀 9 右位→单向阀 8→油箱。

于是液压缸 25 便快速左退。由于快速时负载压力小(小于泵的限定压力 p_B),限压式变量泵便自动以最大调节流量向系统供油。又由于进给缸为差动缸，所以快退速度基本等于快进速度。

7. 进给缸原位停止，夹紧缸松开

当进给缸左退到原位时，挡铁碰到行程开关发出信号，使 2YA、3YA 断电，同时使 4YA 通电，于是进给缸停止，夹紧缸松开工件。当工件松开后，夹紧缸活塞上挡铁碰到行程开关，使 5YA 通电，液压泵卸荷，一个工作循环结束。当下一个工件安装定位好后，则又使 4YA、5YA 均断电，重复上述步骤。

8.1.2　本液压系统的特点

本系统采用限压式变量泵和调速阀组成的容积节流调速系统，把调速阀装在进油路上，而在回油路上加有背压阀。这样就获得了较好的低速稳定性、较大的调速范围和较高的效率。而且当滑台需死挡铁停留时，用压力继电器发出信号实现快退比较方便。

采用限压式变量泵并在快进时采用差动连接，不仅使快进速度和快退速度相同（差动缸），而且比不采用差动连接的流量可减小一半，其能量得到合理利用，系统效率进一步得到提高。

采用电液换向阀使换向时间可调，改善和提高了换向性能。采用行程阀和液控顺序阀来实现快进与工进的转换，比采用电磁阀的电路简单，而且使速度转换动作可靠，转换精度也较高。此外，用两个调速阀串联来实现两次工进，使转换速度平稳而无冲击。

夹紧油路中串接减压阀，不仅可使其压力低于主油路压力，而且可根据工件夹紧力的需要来调节并稳定其压力；当主系统快速运动时，即使主油路压力低于减压阀所调压力，因为有单向阀 7 的存在，夹紧系统也能维持其压力（保压）。夹紧油路中采用二位四通阀 11，它的常态位置是夹紧工件，这样即使在加工过程中临时停电，也不至于使工件松开，保证了操作的安全可靠。

本系统可较方便地实现多种动作循环。例如，可实现多次工进和多级工进。工作进给速度的调速范围可达 6.6～660 mm/min，而快进速度可达 7 m/min。所以它具有较大的通用性。

此外，本系统采用二位二通卸荷阀，比用限压式变量泵在高压小流量下卸荷方式的功率消耗要小。

8.2　M1432A 型万能外圆磨床液压系统

8.2.1　机床液压系统的功能

M1432A 型万能外圆磨床主要用于磨削 IT5～IT7 精度的圆柱形或圆锥形外圆和内孔，表面粗糙度为 R_a1.25～0.08 μm。该机床的液压系统具有以下功能：

（1）能实现工作台的自动往复运动，并能在 0.05～4 m/min 无级调速，工作台换向平稳，启动、制动迅速，换向精度高。

（2）在装卸工件和测量工件时，为缩短辅助时间，砂轮架具有快速进退动作，为避免惯性冲击，控制砂轮架快速进退的液压缸设置有缓冲装置。

（3）为方便装卸工件，尾架顶尖的伸缩采用液压传动。

（4）工作台可做微量抖动。切入磨削或加工工件略大于砂轮宽度时，为了提高生产率和改善表面粗糙度，工作台可做短距离（1～3 mm）、频繁往复运动（每分钟 100～150 次）。

（5）传动系统具有必要的联锁动作。

① 工作台的液动与手动联锁，以免液动时带动手轮旋转引起工伤事故。

② 砂轮架快速前进时，可保证尾架顶尖不后退，以免加工时工件脱落。

③ 磨内孔时，为使砂轮不后退，传动系统中设置有与砂轮架快速后退联锁的机构，以免撞坏工件或砂轮。

④ 砂轮架快进时，头架带动工件转动，冷却泵启动；砂轮架快速后退时，头架与冷却泵电机停转。

图 8-2 为 M1432 型外圆磨床液压系统原理图。其工作原理如下：

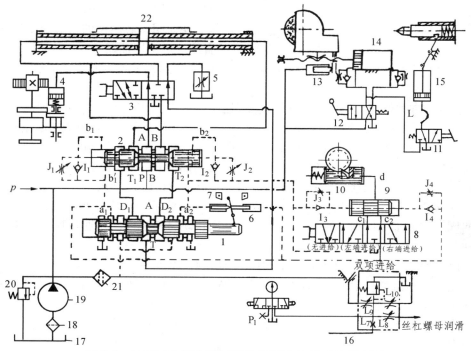

图 8-2　M1432A 调速型万能外圆磨床液压系统原理图

1— 先导阀；2—换向阀；3—开停阀；4—互锁缸；5—调速阀；6—抖动缸；7—挡块；8—选择阀；9—进给阀；10—进给缸；11—尾架换向阀；12—快动换向阀；13—闸缸；14—快动缸；15—尾架缸；16—润滑稳定器；17—油箱；18—粗过滤器；19—液压泵；20—溢流阀；21—精过滤器；22—工作台进给缸

1．工作台的往复运动

（1）工作台右行：如图 8-2 所示的状态，先导阀、换向阀阀芯均处于右端，开停阀处于右位。

进油路：液压泵 19→换向阀 2 右位（P→A）→液压缸 22 右腔；

回油路：液压缸 22 左腔→换向阀 2 右位（B→T_2）→先导阀 1 右位→开停阀 3 右位→节流阀 5→油箱。液压油推动液压缸带动工作台向右运动，其运动速度由节流阀来调节。

（2）工作台左行：当工作台右行到预定位置时，工作台上左边的挡块拨动与先导阀 1 的阀芯相连接的杠杆，使先导阀阀芯左移，开始工作台的换向过程。先导阀阀芯左移的过程中，其阀芯中段制动锥 A 的右边逐渐将回油路上通向调速阀 5 的通道（D_2→T）关小，使工作台逐渐减速制动，实现预制动；当先导阀阀芯继续向左移动到先导阀阀芯右部环形槽，使点 a_2 与高压油路相通，先导阀芯左部环槽使 a_1 接通油箱时，控制油路被切换。这时借助于抖动缸推动先导阀向左快速移动（快跳）。

进油路：泵 19→精过滤器 21→先导阀 1 左位→抖动缸 6 左端。

回油路：抖动缸 6 右端→先导阀 1 左位→油箱。

因为抖动缸的直径很小，上述流量很小的压力油足以使之快速右移，并通过杠杆使先导阀阀芯快跳到左端，从而使通过先导阀到达换向阀右端的控制压力油路迅速打通，同时又使换向阀左端的回油路也迅速打通（畅通）。

这时的控制油路是：

进油路：泵 19→精过滤器 21→先导阀 1 左位→单向阀 I_2→换向阀 2 右端。

回油路：换向阀 2 左端回油路在换向阀阀芯左移过程中有 3 种变换。

首先，换向阀 2 左端 b_1'→先导阀 1 左位→油箱。换向阀阀芯因回油畅通而迅速左移，实现第一次快跳。当换向阀阀芯快跳到制动锥 C 的右侧关小主回油路（B→T_2）通道，工作台便迅速制动(终制动)。换向阀阀芯继续迅速左移到中部台阶处于阀体中间沉割槽的中心处时，液压缸两腔都通压力油，工作台便停止运动。

换向阀阀芯在控制压力油作用下继续左移，换向阀阀芯左端回油路改为：换向阀 2 左端→节流阀 J_1→先导阀 1 左位→油箱。这时换向阀阀芯按节流阀（停留阀）J_1 调节的速度左移。由于换向阀体中心沉割槽的宽度大于中部台阶的宽度，所以阀芯慢速左移的一定时间内，液压缸两腔继续保持互通，使工作台在端点保持短暂停留。其停留时间为 0～5 s，由节流阀 J_1、J_2 调节。

最后当换向阀阀芯慢速左移到左部环形槽与油路 b_1 相通时，换向阀左端控制油的回油路又变为换向阀 2 左端→油路 b_1→换向阀 2 左部环形槽→油路 b_1'→先导阀 1 左位→油箱。这时由于换向阀左端回油路畅通，换向阀阀芯实现第二次快跳，使主油路迅速切换，工作台则迅速反向启动（左行）。这时的主油路是：

进油路：泵 19→换向阀 2 左位（P→B）→液压缸 22 左腔。

回油路：液压缸 22 右腔→换向阀 2 左位（A→T_1）→先导阀 1 左位（D_1→T）→开停阀 3 右位→节流阀 5→油箱。

当工作台左行到位时，工作台上的挡铁又碰到杠杆推动先导阀右移，重复上述换向过程，实现工作台的自动换向。

外圆磨床对往复运动的要求很高，不但应保证机床有尽可能高的生产率，还应保证换向过程平稳，换向精度高。为此，机床上常采用行程控制制动式换向回路，图 8-2 所示就是采用了这种换向回路。还有一种回路比较简单，称之为时间控制制动式换向回路，如图 8-3 所示。

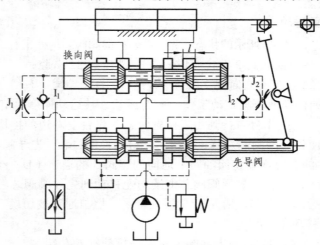

图 8-3　时间控制制动式换向回路

该回路中的主油路只受换向阀控制。在节流阀 J_1 和 J_2 的开口大小调定之后，换向阀阀芯移过距离 l 所需的时间（使活塞制动所经历的时间）就确定不变，因此，称这种制动方式为时间控制制动。时间制动式换向回路的主要优点是它的制动时间可以根据机床部件运动速度的快慢、惯性的大小、通过节流阀 J_1 和 J_2 的开口量得到调节，以便控制换向冲击，提高工作效率；其主要缺点是换向过程中的冲出量受运动部件的速度和其他一些因素的影响，换向精度不高。所以，这种换向回路主要用于工作部件运动速度较高但换向精度要求不高的场合，如平面磨床的液压系统。

2．工作台液动与手动的互锁

工作台液动与手动的互锁是由互锁缸 4 来完成的。当开停阀 3 处于图 8-2 所示的位置时，互锁缸 4 的活塞在压力油的作用下压缩弹簧并推动齿轮 Z_1 和 Z_2 脱开，这样，当工作台液动（往复运动）时，手轮不会转动。

当开停阀 3 处于左位时，互锁缸 4 通油箱，活塞在弹簧力的作用下带着齿轮 Z_2 移动，Z_2 与 Z_1 啮合，工作台就可用手摇机构摇动。

3．砂轮架的快速进退运动

砂轮架的快速进退运动是由手动二位四通换向阀 12（快动阀）来操纵，由快动缸来实现的。在图 8-2 所示的位置时，快动阀右位接入系统，压力油经快动阀 12 右位进入快动缸 14 右腔，砂轮架快进到前端位置，快进终点是靠活塞与缸体端盖相接触来保证其重复定位精度；当快动缸左位接入系统时，砂轮架快速后退到最后端位置。为防止砂轮架在快速运动到达前后终点处产生冲击，在快动缸两端设有缓冲装置，并设有抵住砂轮架的闸缸 13，用以消除丝杠和螺母间的间隙。

手动换向阀 12（快动阀）的下面装有一个自动启、闭头架电动机和冷却电动机的行程开关及一个与内圆磨具联锁的电磁铁（图上均未画出）。当手动换向阀 12（快动阀）处于右位使砂轮架处于快进时，手动阀的手柄压下行程开关，使头架电动机和冷却电动机启动。当翻下内圆磨具进行内孔磨削时，内圆磨具压另一行程开关，使联锁电磁铁通电吸合，将快动阀锁住在左位（砂轮架在退的位置），以防止误动作，保证安全。

4．砂轮架的周期进给运动

砂轮架的周期进给运动是由选择阀 8、进给阀 9、进给缸 10 通过棘爪、棘轮、齿轮、丝杠来完成的。选择阀 8 根据加工需要可以使砂轮架在工件左端或右端时进给，也可在工件两端都进给（双向进给），也可以不进给，共 4 个位置可供选择。

图 8-2 所示为双向进给，周期进给油路：压力油从 a_1 点→J_4→进给阀 9 右端；进给阀 9 左端→I_3→a_2→先导阀 1→油箱。进给缸 10→d→进给阀 9→c_1→选择阀 8→a_2→先导阀 1→油箱，进给缸柱塞在弹簧力的作用下复位。当工作台开始换向时，先导阀换位（左移）使 a_2 点变为高压、a_1 点变为低压（回油箱）；此时周期进给油路为：压力油从 a_2 点→J_3→进给阀 9 左端；进给阀 9 右端→I_4→a_1 点→先导阀 1→油箱，使进给阀右移；与此同时，压力油经 a_2 点→选择阀 8→c_1→进给阀 9→d→进给缸 10，推进给缸柱塞左移，柱塞上的棘爪拨动棘轮转动一个角度，通过齿轮等推动砂轮架进给一次。在进给阀活塞继续右移时堵住 c_1 而打通 c_2，这时进给缸右端→d→进给阀 9→c_2→选择阀 8→先导阀 a_1→油箱，进给缸在弹簧力的作用下

再次复位。当工作台再次换向，再周期进给一次。若将选择阀转到其他位置，如右端进给，则工作台只有在换向到右端才进给一次，其进给过程不再赘述。从上述周期进给过程可知，每进给一次是由一股压力油（压力脉冲）推动进给缸柱塞上的棘爪拨动棘轮转一角度。调节进给阀两端的节流阀 J_3、J_4 就可调节压力脉冲的时期长短，从而调节进给量的大小。

5. 尾架顶尖的松开与夹紧

尾架顶尖只有在砂轮架处于后退位置时才允许松开。为操作方便，采用脚踏式二位三通阀 11（尾架阀）来操纵，由尾架缸 15 来实现。由图 8-2 可知，只有当快动阀 12 处于左位、砂轮架处于后退位置、脚踏尾架阀处于右位时，才能有压力油通过尾架阀进入尾架缸推杠杆拨动尾顶尖松开工件。当快动阀 12 处于右位（砂轮架处于前端位置）时，油路 L 为低压（回油箱），这时误踏尾架阀 11 也无压力油进入尾架缸 15，顶尖也就不会推出。

另外，尾顶尖的夹紧靠弹簧力作用。

6. 抖动缸的功用

抖动缸 6 的功用有两个：第一是帮助先导阀 1 实现换向过程中的快跳；第二是当工作台需要做频繁短距离换向时实现工作台的抖动。

当砂轮切入磨削或磨削短圆槽时，为提高磨削表面质量和磨削效率，需工作台频繁短距离换向—抖动。这时将换向挡铁调得很近或夹住换向杠杆，当工作台向左或向右移动时，挡铁带动杠杆使先导阀阀芯向右或向左移动一个很小的距离，使先导阀 1 的控制进油路和回油路仅有一个很小的开口。通过此很小开口的压力油不可能使换向阀阀芯快速移动，这时，因为抖动缸柱塞直径很小，所通过的压力油足以使抖动缸快速移动。抖动缸的快速移动推动杠杆带动先导阀快速移动（换向），迅速打开控制油路的进、回油口，使换向阀也迅速换向，从而使工作台做短距离频繁往复换向—抖动。

8.2.2　本液压系统的特点

由于机床加工工艺的要求，M1432A 型万能外圆磨床液压系统是机床液压系统中要求较高、较复杂的一种。其主要特点如下：

（1）系统采用节流阀回油节流调速回路，功率损失较小。

（2）工作台采用了活塞杆固定式双杆液压缸，保证左、右往复运动的速度一致，并使机床占地面积不大。

（3）本系统在结构上采用了将开停阀、先导阀、换向阀、节流阀、抖动缸等组合一体的操纵箱。使结构紧凑、管路减短、操纵方便，又便于制造和装配修理。此操纵箱属行程制动换向回路，具有较高的换向位置精度和换向平稳性。

8.3　180 吨钣金冲床液压系统

8.3.1　概　述

钣金冲床改变上、下模的形状，即可进行压形、剪断、冲穿等工作。如图 8-4 所示为其控制动作顺序图，如图 8-5 所示为 180 吨钣金冲床液压系统回路。动作情形为液压缸快速下降→液压缸慢速下降（加压成形）→液压缸暂停（降压）→液压缸快速上升。

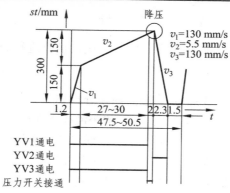

图 8-4   动作顺序图

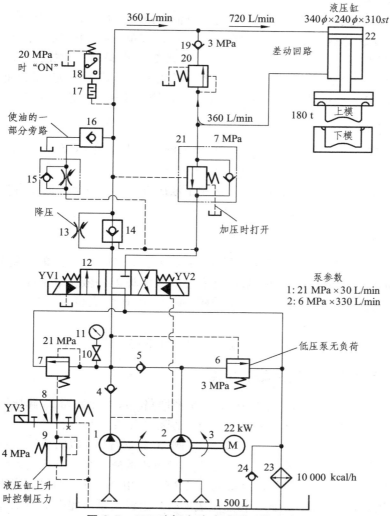

图 8-5   180 吨钣金冲床液压系统回路

1—高压小流量泵；2—低压大流量泵；3—电动机；4，5，19，24—单向阀；6—低压泵卸载阀；7—遥控溢流阀；
8—二位三通阀；9—低压溢流阀；10—压力表开关；11—压力表；12—三位四通换向阀；13—节流阀；
14，16—液控单向阀；15—单向节流阀；17—流阻；18—压力开关；20—顺序阀；
21—液控单向顺序阀；22—液压缸；23—冷却器

8.3.2　180 吨钣金冲床液压系统的工作原理

参见图 8-4、图 8-5 对 180 吨钣金冲床液压系统的油路进行分析。

1. 液压缸快速下降

按下启动按钮，YV1、YV3 通电，进/回油路分析如下：

（1）进油路线：泵 1、泵 2→电磁阀 12 左位→液控单向阀 14→液压缸 22 上腔。

（2）回油路线：液压缸 22 下腔→顺序阀 20→单向阀 19→液压缸 22 上腔。

液压缸快速下降时，进油管路压力低，未达到顺序阀 21 所设定的 7 MPa 的压力，故液压缸下腔压力油再回到液压缸上腔，形成一差动回路。

2. 液压缸慢速下降

当液压缸上模碰到工件进行加压成形时，进油管路压力升高，使顺序阀 21 打开。

（1）液压缸进油路线：泵 1→电磁阀 12 左位→液控单向阀 14→液压缸 22 上腔。

（2）液压缸回油路线：液压缸 22 下腔→顺序阀 21→电磁阀 12 左位→油箱。

此时，回油为一般油路，卸载阀 6 被打开，低压大流量泵 2 的液压油以低压状态流回油箱，送到液压缸 22 上腔的油仅由高压小流量泵 1 供给，故液压缸速度减慢。

3. 液压缸暂停（降压）

当上模加压成形时，进油管路压力达到 20 MPa，压力开关 18 动作，YV1、YV3 断电，电磁阀 12 恢复中位状态。此时，液压缸上腔压力油经节流阀 13、控制阀 12 中位流回油箱。如此，可使液压缸上腔压力油压力下降，防止了液压缸在上升时上腔油压由高压变成低压而发生的冲击、振动等现象。

4. 液压缸快速上升

当降压完成时（通常为 0.5 ~ 7 s，视阀的容量而定），YV2 通电后的油路分析如下：

（1）进油路线：泵 1、泵 2→电磁阀 12 右位→顺序阀 21→液压缸下腔。

（2）回油路线：液压缸上腔→液控单向阀 14→电磁阀 12 右位→油箱。

液压缸上腔→液控单向阀 16→油箱。

因液压泵 1、液压泵 2 的液压油一起送往液压缸下腔，故液压缸快速上升。

8.3.3　180 吨钣金冲床液压回路的特点

180 吨钣金冲床液压系统包含差动回路、平衡回路（或顺序回路）、降压回路、二段压力控制回路、高压和低压泵回路等基本回路。该系统有以下几个特点：

（1）当液压缸快速下降时，下腔回油由顺序阀 20 建立背压，以防止液压缸自重产生失速等现象。同时，系统又采用差动回路，可选用流量较小的液压泵，以达到系统节能的目的。

（2）当液压缸慢速下降进行加压成形时，顺序阀 21 由外部压力打开，液压缸下腔的压力油几乎毫无阻力地流回油箱，因此，在加压成形时，上模质量可完全加在工件上。

（3）在上升之前做短暂时间的降压，可防止液压缸上升时产生振动、冲击现象，100 吨以上的冲床尤其需要降压。

（4）当液压缸上升时，有大量压力油要流回油箱，回油时，一部分压力油经液控单向阀

16 流回油箱，剩余压力油经电磁阀 12 中位流回油箱，这样，电磁阀 12 可选用额定流量较小的阀件。

（5）当液压缸下降时，系统压力由溢流阀 7 控制，上升时，系统压力由低压溢流阀 9 控制，因此，可使系统产生的热量减少，防止油温上升。

8.4　机械手液压传动系统

8.4.1　概　述

1．功　用

机械手是模仿人的手部动作，按给定程序、轨迹等要求实现自动抓取、搬运和操作的机械装置，它属于典型的机电一体化产品。它可以在高温、高压、危险、易燃、易爆、放射性等恶劣环境，以及笨重、单调、频繁的操作中进行工作。

图 8-6 所示为自动卸料机械手液压系统原理图。该系统由单向定量泵 2 供油，溢流阀 6 调节系统压力，压力值可通过压力表 8 观察。由行程开关发信号给相应的电磁换向阀，控制机械手的动作。

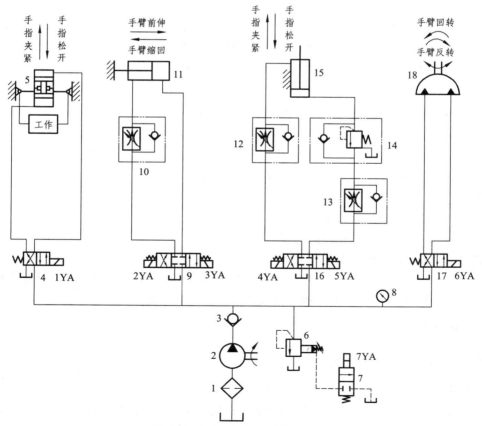

图 8-6　机械手液压系统原理图

1—滤油器；2—单向定量泵；3—单向阀；4，17—二位四通电磁换向阀；5—无杆活塞式液压缸；6—先导式溢流阀；
7—二位二通电磁换向阀；8—压力表；9，16—三位四通电磁换向阀；10，12，13—单向调速阀；
11，15—单杆活塞式液压缸；14—顺序阀；18—摆动缸

各电磁阀电磁铁动作顺序如表 8-1 所示。

表 8-1　电磁铁动作顺序表

动作顺序	1YA	2YA	3YA	4YA	5YA	6YA	7YA
手臂上升	-	-	-	-	+	-	-
手臂前伸	+	-	+	-	-	-	-
手指夹紧	-	-	-	-	-	-	-
手臂回转	-	-	-	-	-	+	-
手臂下降	-	-	-	+	-	+	-
手指松开	+	-	-	-	-	+	-
手臂缩回	-	+	-	-	-	+	-
手臂反转	-	-	-	-	-	-	-
原位停止	-	-	-	-	-	-	+

2．动作要求

典型工作循环为：手臂上升→手臂前伸→手指夹紧→手臂回转→手臂下降→手指松开→手臂缩回→手臂反转→原位停止。

各功能液压缸的组成分别为：

手臂回转：单叶片摆动缸 18；手臂升降：单杆活塞式液压缸 15；手臂伸缩：单杆活塞式液压缸 11；手指松开：无杆活塞式液压缸 5。

3．系统元件

系统的其他组成元件及功能分别如下（见图 8-6）：

元件 1——滤油器：过滤油液，去除杂质；

元件 2——单向定量泵：为系统供油；

元件 3——单向阀：防止油液倒流，保护液压泵；

元件 4、17——二位四通电磁换向阀：控制执行元件进退两个运动方向；

元件 6——先导式溢流阀：溢流稳压；

元件 7——二位二通电磁换向阀：控制液压泵卸荷；

元件 8——压力表：观察系统压力；

元件 9、16——三位四通电磁换向阀：控制执行元件进退两个运动方向且可在任意位置停留；

元件 10、12、13——单向调速阀：调节执行元件的运动速度。

8.4.2　工作原理

机械手各部分动作具体分析如下：

1．手臂上升

三位四通电磁换向阀 16 控制手臂的升降，5YA（＋）→电磁换向阀 16（右位），液压缸 15 活塞上升。

进油路：滤油器 1→泵 2→单向阀 3→电磁换向阀 16（右位）→单向调速阀 13→顺序阀 14→液压缸 15（下腔）；

回油路：液压缸 15（上腔）→单向调速阀 12→电磁换向阀 16（右位）→油箱。

速度由单向调速阀 12 调节，运动较平稳。

2．手臂前伸

三位四通电磁换向阀 9 控制手臂的伸缩，3YA（＋）→电磁换向阀 9（右位），液压缸 11 右移。

进油路：滤油器 1→泵 2→单向阀 3→电磁换向阀 9（右位）→液压缸 11（右腔）；

回油路：液压缸 11（左腔）→单向调速阀 10→电磁换向阀 9（右位）→油箱。

同时，1YA（＋）→电磁换向阀 4（右位），手指松开。

进油路：滤油器 1→泵 2→单向阀 3→电磁换向阀 4（右位）→液压缸 5（上腔）；

回油路：液压缸 5（下腔）→电磁换向阀 4（右位）→油箱。

3．手指夹紧

1YA（－）→电磁换向阀 4（左位），液压缸 5 活塞上移。

4．手臂回转

6YA（＋）→电磁换向阀 17（右位），摆动缸 18 叶片逆时针转动。

进油路：滤油器 1→泵 2→单向阀 3→电磁换向阀 17（右位）→摆动缸 18（右位）；

回油路：摆动缸 18（左位）→电磁换向阀 17（右位）→油箱。

5．手臂下降

4YA（＋）→电磁换向阀 16（左位），6YA（＋）→电磁换向阀 17（右位），液压缸 15 活塞下移。

进油路：滤油器 1→泵 2→单向阀 3→电磁换向阀 16（左位）→单向调速阀 12→液压缸 15（上腔）；

回油路：液压缸 15（下腔）→顺序阀 14→单向调速阀 13→电磁换向阀 16（左位）→油箱。

6．手指松开

1YA（＋）→电磁换向阀 4（右位），液压缸 5 活塞下移。

7．手臂缩回

2YA（＋）→电磁换向阀 9（左位），液压缸 11 左移。同时，6YA（＋）→电磁换向阀 17→摆动缸 18（右位）。

8．手臂反转

6YA（－）→电磁换向阀 17（左位）→摆动缸 18 叶片顺时针转动。

9．原位停止

7YA（＋）→泵 2 卸荷。

8.4.3   本液压系统的特点

（1）电磁阀换向方便、灵活。

（2）回油路节流调速，平稳性好。

（3）平衡回路，防止手臂自行下滑或超速。

（4）失电夹紧，安全可靠。

（5）卸荷回路，节省功率。

8.5　液压系统的安装、使用及维护

8.5.1　液压系统的安装、使用及维护

液压传动系统的安装、使用及维护是一个实践性很强的问题。故障的判断和排除，一方面取决于对液压元件和系统的理解，另一方面更依赖于实践经验的积累。

1．液压传动系统的安装与调试

（1）液压系统的安装。

液压系统在安装之前，首先要弄清主机对液压系统的要求及液压系统与机、电、气的动作关系，以充分理解其设计意图；然后验收所有零部件（型号、规格、数量和质量），并做好清洗等准备工作。

① 液压泵和电动机的安装。泵和电动机的轴线，在安装时应保证同心，一般要求用弹性联轴器连接，不允许使用皮带传动泵轴，以免受径向力的作用，破坏轴的密封。安装基础要求有足够的刚性；液压泵进、出口不能接反；有外引泄的泵必须将泄漏油单独引出；需要在泵壳内灌油的泵，要灌液压油；可用手调转，单向泵不能反转。

② 液压缸的安装。首先应校正液压缸外圆的上母线、侧母线与机座导轨导向平面的平行；垂直安装的液压缸要防止因重力跌落；长行程液压缸应一端固定，允许另一端浮动，允许其伸长；液压缸的负载中心与推力中心最好重合，免受颠覆力矩，保护密封件不受偏载；液压缸缓冲机构不得失灵；密封圈的预压缩量不要太大；活塞在缸内移动灵活、无阻滞现象。

③ 液压阀的安装。阀体孔或阀板的安装，要防止紧固螺钉因拧得过紧而产生变形；纸垫不得破损，以免窜腔短路；方向阀各油口的通断情况应与原理图上的图形符号相一致；要特别注意外形相似的溢流阀、减压阀和顺序阀；调压弹簧要放松，等调试时再逐步旋紧调压；安装伺服阀必须先安装冲洗板，对管路进行冲洗；在油液污染度符合要求后才能正式安装；伺服阀进口安装精密过滤器。

（2）液压系统的配管。

① 根据通过流量、允许流速和工作压力选配管径、壁厚、材质和连接方式。对管子要进行检验和处理。

② 管路要求越短越好，尽量垂直或平行，少拐弯，避免交叉。吸油管应粗、短、直，尽量减少吸油阻力，确保吸油高度不大于 0.5 m；严防管接头处泄漏。

③ 安装橡胶软管要防止扭转，应留有一定的松弛量。

④ 配管要进行二次安装；第一次试装后取下进行清洗，然后进行正式安装。

（3）液压设备的调试。

调试前应全面检查液压管路、电气线路是否正确可靠，油液牌号与说明书上是否一致，油箱内油液高度是否在油面线上。将调节手柄置于零位，选择开关置于"调整""手动"位置

上。防护装置要完好；确定调试项目、顺序和测量方法，准备检测仪表。先进行设备的外观认识，熟悉手柄、按钮、表牌。

① 空载试车。空载试车的目的是检查各液压元件是否正常，工作循环是否符合要求。先空载启动液压泵，以额定转速、规定转向运转，听是否有异常声响，观察泵是否漏气（油箱液面上是否有气泡），泵的卸荷压力是否在允许范围内。在执行元件处于停位或低速运动时调整压力阀，使系统压力升高到规定值。调整润滑系统的压力和流量；有两台以上大功率主泵时不能同时启动；若在低温下启动泵时，则要开开停停，使油温上升后再启动；一般先启动控制用的泵，后启动主泵，调整控制油路的压力。

然后操纵手柄使各执行元件逐一空载运行，速度由慢到快，行程也逐渐增加，直至低速全程运行以排除系统中的空气；检查接头、元件接合面是否泄漏，检查油箱液面是否下降、滤油器是否露出油面（因为执行元件运动后大量油液要进入油管填充其空腔）。

接着在空载条件下，使各执行元件按预定动作进行自动工作循环或顺序动作，同时调整各调压弹簧的设定值，如溢流阀、顺序阀、减压阀、压力继电器、限压式变量泵等的限定压力；电接点压力表上、下限；变量泵偏心或倾角；挡铁及限位开关位置；各液压阻尼开口；保压或延时时间；电磁铁吸动或释放等。检查各动作的协调，如联锁、联动；同步和顺序的正确性。检查启动停止、速度换接的运动平稳性，有无误信号、误动作和爬行、冲击等现象；要重复多次，使工作循环趋于稳定。一般空载运行 2 h 后，再检查油温及液压系统要求的精度，如换向、定位、分度精度及停留时间等。

② 负载试车。一般设备可进行轻负载、最大工作负载、超负载试车。负载试车的目的是检查液压设备在承受载荷后，是否实现预定的工作要求，如速度负载特性如何、泄漏是否严重、功率损耗及油温是否在设计允许值内（一般机床液压系统油温为 30～50 ℃、压力机为 40～70 ℃、工程机械为 50～80 ℃）、液压冲击和振动噪声要求低于 80 dB 且是否在允许范围内等。对金属切削机床液压系统要进行试切削，在规定的切削范围内，对试件进行加工，是否达到所规定的尺寸精度和表面粗糙度；对高压液压系统要进行试压，试验压力为工作压力的两倍或大于压力剧变时的尖峰值，并由低到高分级试压，检查泄漏和耐压强度是否合格。

调试期间，对流量、压力、速度、油温、电磁铁和电动机的电流值等各种参数的测试应做好现场记录。如发现液压元件不符合要求，在必要或允许的条件下，可单独在试验台上对元件的性能和参数进行测试，测试条件可按规定进行；对元件的主要性能和参数的测试方法，也可按部标或厂标的规定进行。

2. 液压传动系统的维护和保养

保证液压系统的正常工作性能，在很大程度上取决于正确的使用与及时的维护。

（1）建立严格的维护保养制度。

严格的维护保养制度是减少故障，使设备处于完好状态的保证。液压设备通常采用"日常检查"和"定期检查"的方法，规定出检查的时间、项目和内容，并要求做好检查记录。

（2）掌握故障发生的规律。

控制油液的污染以及建立严格的维修制度，虽然可以减少故障的发生，但不能完全杜绝故障。液压系统的故障往往是一种随机现象。液压设备出现故障的机会大致分为 3 个阶段，如图 8-7 所示。

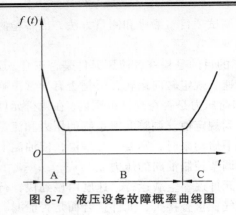

图 8-7　液压设备故障概率曲线图

图中纵坐标为故障发生的频率，横坐标为机械设备运行的时间。曲线的 A 段为初始故障期。这期间的故障频率最高，但持续时间不长，这类故障往往由设计、制造和检验中的失误所引起。对于液压系统来说，投产前清洗得不够彻底也是产生这类故障的原因之一。曲线的 B 段为随机故障期。这期间故障频率低，但持续时间长，是机械设备高效工作的最佳时期。坚持严格的维护检查制度以及控制油液的污染度，可使这期间的故障维持在相当低的水平，并使这一时期延长。曲线的 C 段为消耗故障期。此时元件已严重磨损，故障较频繁，应更换元件。掌握这一规律，有助于针对性地做好各时期的使用维护工作。

8.5.2　液压系统常见故障及排除方法

由于液压元件都是密封的，故发生故障时不易查找原因。一般从现象入手，分析可能的原因并逐个检查、测试。只要找到故障源，故障就不难排除。

1. 液压系统的工作压力失常，压力上不去

压力是液压系统的两个最基本的参数之一，在很大程度上决定了液压系统工作性能的优劣。工作压力大小取决于外负载的大小。工作压力失常表现在：当对液压系统进行调整时，出现调压阀失效，系统压力建立不起来（压力不够）、完全没有压力、压力调不下来，或者上升后又掉下来以及压力不稳定等。

（1）压力失常的影响。

① 系统压力不能实现正确的工作循环，特别是在压力控制的顺序动作回路中。

② 执行部件处于原始位置不动作，液压设备根本不能工作。

③ 伴随出现噪声、执行运动部件速度显著降低等故障，甚至产生爬行。

（2）压力失常产生的原因。

① 油泵原因造成无流量输出或输出流量不够。

a. 油泵转向不对，根本无压力油输出，系统压力一点儿也上不去。

b. 因电动机转速过低，功率不足，或者油泵使用日久内部磨损，内泄漏大，容积效率低，导致油泵输出流量不够，系统压力不够。

c. 油泵进出油口装反，而泵又不是可反转泵，这样不但不能上油，而且还会冲坏轴封。

d. 其他原因：如泵吸油管太小，吸油管密封不好、漏气，油液黏度太高，滤油器被杂质污物堵塞，造成泵吸油阻力大产生吸空现象，使泵的输出流量不够，系统压力上不去。

② 溢流阀等压力调节阀故障。

例如，溢流阀的阀芯卡死在大开口位置，油泵输出的压力油通过溢流阀流回油箱，即压力油与回路短接；也可能是压力控制阀的阻尼孔堵塞，或者调压弹簧折断等原因而造成系统无压力。反之，当溢流阀阀芯卡死在关闭阀口的位置时，则系统压力下不来。

③ 在工作过程中发现压力上不去或下不来，则可能是换向阀失灵，导致系统卸荷或封闭，或者是由于阀芯与阀体孔之间严重内泄漏所致。

④ 卸荷阀卡死在卸荷位置，系统总卸荷，压力上不去。

⑤ 系统内外泄漏。

（3）压力失常排除方法。

① 更换电动机接线，纠正油泵旋转方向，更换功率匹配的电机。

② 纠正油泵进出口方位，特别是对不可反转泵更要注意。

③ 检查、清洗、修复有关压力阀。

④ 适当加粗泵吸油管尺寸，吸油管路接头处加强密封，清洗过滤器。

⑤ 排除方向阀故障，装有卸荷阀的，排除卸荷阀故障。

⑥ 查明产生内泄漏和外泄漏的具体位置，排除内外泄漏故障。

2. 欠　速

（1）欠速的不良影响。

液压设备执行元件的欠速包括两种情况：一是快速运动时速度不够快，不能达到设计值和新设备的规定值；二是在负载下工作时其工作速度随负载的增大显著降低，特别是大型液压设备及负载大的设备，这一现象尤为显著，速度一般与流量大小有关。

欠速首先是影响生产效率，增长了液压设备的循环工作时间；欠速现象在大负载下常常出现停止运动的情况，这更影响到设备是否能正常工作。而对于需要快速运动的设备，如平面磨床，速度不够影响磨削的表面粗糙度。

（2）欠速产生的原因。

① 快速运动的速度不够的原因。

a. 油泵的输出流量不够和输出压力不高。

b. 溢流阀因弹簧永久变形或错装成弱弹簧、主阀芯阻尼孔被局部堵塞、主阀芯卡死在小开口位置，造成油泵输出的压力油部分溢流回油箱，使进入系统给执行元件的有效流量减少，使快速运动的速度不够。

c. 系统的内外泄漏严重。

d. 快进时的阻力太大。

② 工作进给时，在负载下工作进给速度明显降低，即使开大速度控制阀也依然如此，其产生的原因如下：

a. 系统在负载下，工作压力增大，泄漏增大，所调好的速度因内外泄漏的增大而减少。

b. 系统油温增高，油液黏度减少，泄漏增加，有效流量减少。

c. 液压系统设计不合理，当负载变化时，进入液压设备执行元件的流量也发生变化，引起速度的变化。

d. 油中混有杂质，堵塞流量调节阀节流口，造成工进速度降低；时堵时通，造成速度不稳。

e. 液压系统内进有空气。

f. 泵或溢流阀故障。

③ 欠速排除方法。

a. 排除油泵输出流量不够和输出压力不高的故障。

b. 排除溢流阀等压力阀产生的使压力上不去的故障。

c. 查找出产生内泄漏和外泄漏的位置，消除内外泄漏；更换磨损严重的零件消除内泄。

d. 控制油温。

e. 清洗诸如流量阀等元件，油液污染严重时，应及时更换。

f. 查明液压系统进气原因，排除液压系统内的空气。

3. 振动（含共振）和噪声

（1）振动和噪声的危害。

振动和噪声是液压设备常见故障之一，二者一般同时出现。振动和噪声有下述危害：

① 影响加工件表面质量，使机器工作性能变坏。

② 影响液压设备工作效率，由于为避免振动不得不降低切削加工速度及走刀量。

③ 振动加剧磨损，造成管接头松脱，产生漏油，甚至振坏设备，造成设备伤及人身事故。

④ 噪声是环境污染的一个重要组成部分之一，噪声使大脑疲劳，影响听力，加快心脏跳动，对人身心健康造成危害。

⑤ 噪声淹没危险信号和指挥信号，造成工伤事故。

（2）共振、振动和噪声产生的原因。

① 液压系统的振动和噪声常以油泵、油马达、油缸、压力阀为甚，方向阀次之，流量阀更次之。液压泵：密封不严吸入空气，安装位置过高，吸油阻力大，齿轮齿形精度不够，叶片卡死断裂，柱塞卡死不灵活，零件磨损使间隙过大。

② 液压油：液位太低，吸油管插入液面深度不够，油液黏度太大，过滤器堵塞。

③ 溢流阀：阻尼孔堵塞，阀芯与阀体配合间隙过大，弹簧失效。

④ 其他阀芯移动不灵活。

⑤ 管道细长，没有固定装置，互相碰撞，吸油管与回油管太近。

⑥ 电磁铁焊接不良，弹簧过硬或损坏，阀芯在阀体中卡住。

⑦ 液压泵与电动机联轴器不同轴或松动，运动部件停止时有冲击，换向时无阻尼，电动机振动。

（3）减少振动和降低噪声的措施。

① 更换吸油口密封，吸油管口至泵进油口高度要小于 500 mm，保证吸油管直径，修复或更换损坏的零件。

② 加油，增加吸油管长度到规定液面深度，更换合适黏度的液压油，清洗过滤器。

③ 清洗阻尼孔，修配阀芯与阀体的间隙，更换弹簧。

④ 清洗，去毛刺。

⑤ 设置固定装置，扩大管道间距及吸油管和回油管间的距离。

⑥ 重新焊接，更换弹簧，清洗及研配阀芯和阀体。

⑦ 保持泵与电动机轴的同心度不大于 0.1 mm，采用弹性联轴器，紧固螺钉，设置阻尼

或缓冲装置，电动机做平衡处理。

　　液压系统常见的故障还有爬行、冲击、泄漏、系统温升、炮鸣等。能否迅速地找到故障源，一方面取决于对系统和元件的结构、工作原理的理解；另一方面还有依赖于实践经验的积累，有时可通过一些辅助性的试验来查找故障。有关液压系统中各种故障的现象、原因及排除措施，可参考有关手册。

思考与练习

　　1. YT4543 型动力滑台的液压系统：

　　（1）液压缸快进时如何实现差动连接？

　　（2）如何实现液压缸的快慢速运动换接和进给速度的调节？

　　2. M1432A 型万能外圆磨床的液压系统：

　　（1）时间控制换向回路及行程控制换向回路的工作原理是怎样的？各适用于何种情况？

　　（2）换向阀实现第一次快跳、慢移和第二次快跳时，3 种不同的回油通道是怎样的?各起什么作用？

　　（3）抖动缸起什么作用？

　　（4）尾顶针与砂轮架为何要互锁？油路如何实现？

　　（5）闸缸起什么作用?

　　3. 列出图 8-8 所示油路中电磁铁动作状态表（电磁铁通电用"＋"表示）。

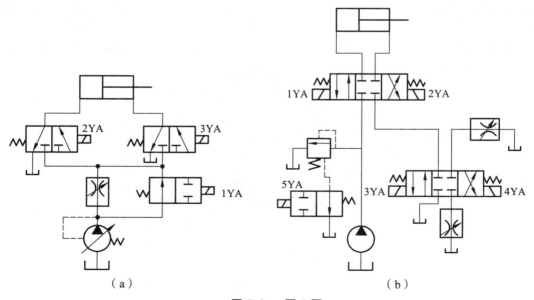

（a）　　　　　　　　　　　　　（b）

图 8-8　题 3 图

模块 2　气压传动

项目 9　气压传动概述

9.1　气压传动系统的工作原理

　　如图 9-1 所示为气压剪切机工作原理图，图示位置是预备状态。空气压缩机 1 产生的压缩空气，经过冷却器 2、油水分离器 3 进行降温及初步净化后，送入储气罐 4 备用；压缩空气从储气罐引出先经过分水滤气器 5 再次净化，然后经减压阀 6、油雾器 7 和气控换向阀 9 到达气缸 10。此时，换向阀 A 腔的压缩空气将阀芯推到上位，剪切机的剪口张开，处于预备工作状态。当送料机构将工料 11 送入剪切机并送到规定位置时，工料将行程阀 8 的阀芯向右推动，行程阀将换向阀的 A 腔与大气相通。换向阀的阀芯在弹簧的作用下移到下位，将气缸上腔与大气相通，下腔与压缩空气连通。压缩空气推动活塞带动剪刀快速向上运动将工料切下。工料被切下后与行程阀脱开，行程阀芯在弹簧作用下复位，将排气通道封闭。换向阀 A 腔压力上升，阀芯移至上位，使气路换向。气缸下腔排气，上腔进入压缩空气，推动活塞带动剪刀向下运动，系统又恢复到图示的预备状态，等待下一块工料的到来。气路中行程阀的安装位置可根据工料的长度进行左右调整。换向阀是根据行程阀的指令来改变压缩空气的通道使气缸活塞实现往复运动的。气缸下腔进入压缩空气时，活塞向上运动将压缩空气的压力能转换为机械能切断工料。此外，还可以根据实际需要，在气路中加入流量控制阀，控制剪切机构的运动速度。图 9-2 是气压剪切机用图形符号表示的工作原理图，符号编号同图 9-1 所示。

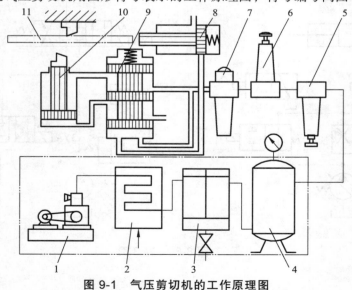

图 9-1　气压剪切机的工作原理图

1—空气压缩机；2—冷却器；3—油水分离器；4—储气罐；5—分水滤气器；6—减压阀；7—油雾器；
8—行程阀；9—气控换向阀；10—气缸；11—工料

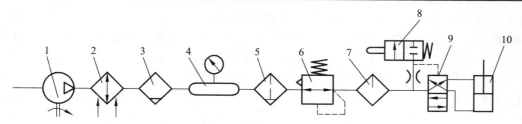

图 9-2　气压剪切机液压系统回路图

9.2　气压传动系统的基本组成

经过对上述气压传动系统的工作原理分析可知，气压传动系统基本由四大部分组成。

1. 气源装置

它将原动机的机械能转化为空气的压力能，是获取压缩空气的装置，主要为各种形式的空气压缩机。

2. 执行元件

它是将压缩空气的压力能转换为机械能，以驱动负载，包括气缸和气马达等。

3. 控制元件

它是控制气压系统中的压力、流量和方向的，从而保证执行元件完成所要求的运动，如各种压力阀、流量阀和方向阀等。

4. 辅助元件

它是用来保持压缩空气清洁、干燥、消除噪声以及提供润滑等作用，以保证气动系统正常工作，如过滤器、干燥器、消声器和油雾器等。

9.3　气压传动的应用及特点

气动执行元件主要用于做直线往复运动。在工程实际中，这种运动形式应用最多，如许多机器或设备上的传送装置、产品加工时工件的进给、工件定位和夹紧、工件装配以及材料成形加工等都是直线运动形式。但有些气动执行元件也可以做旋转运动，如摆动气缸（摆动角度可达 360°）。在气动技术应用范围内，除个别情况外，对完成直线运动形式来说，无论是从技术还是从成本角度看，全机设备都无法与气动设备相比。从技术和成本角度看，气缸作为执行元件是完成直线运动的最佳形式，如同用电动机来完成旋转运动一样。在气动技术中，控制元件与执行元件之间的相互作用是建立在一些简单元件基础上的。根据任务要求，这些元件可以组合成多种系统方案。由于气动技术使机构或设备的机械化程度大大提高，并能够实现完全自动化，因此，其特征是灵活性强，既适用于解决某种问题的气动技术方案，也适用于解决其他场合的相同或相似的问题。既然空气动力在气源与完成各种操作的工位之间不需要安装复杂的机械设备，因此，在各工位相距较远的场合应用气动技术是再合适不过了。对于需要高速驱动的情况，优先选择全气动设备是合适的。在各种材料的操作过程中，很少要求各顺序动作具有较高的进给精度，且在这些操作中设计的力也较小，因此，采用气动技术不仅可以完成这些操作，而且进给精度不会超越其技术允许范围。除了通过机械化来达到降低成本、提高生产率的目的外，在实际工程中，决定采用气动技术主要是由于其具有结构简单、事故少、可用于易燃易爆和有辐射危险场合等特点。纵观整个生产加工过程，有许多要掌握的技术问题，但这些技术问题在不同工程领域中是相似或相同的。同样，对相同或相似的技术问题，若采用气动技术作为其解决方案，也存在着不同领域技术上的重复问题。因此，若给出各种合理应用准则，那么在工业部门的许多领域中，就可以广泛应用气动技术，以提供功能强大、成本低、效率高的控制和驱动。

9.3.1 在工业生产过程中的应用

气动技术在工业生产过程中主要承担上下料、整列、搬运、定位、固定夹紧、组装等作业以及清扫、检测等工作。这些工作可直接利用气体射流、真空系统、气动执行器（气缸、气马达等）来完成。

1. 大规模集成电路制造中的气动系统

随着大规模集成电路（IC）技术的发展，硅晶圆的尺寸已从 5 英寸发展到 10 英寸，而动态随机存储器和静态存储器（芯片）的容量也从 1M 发展到 256M 以上，最小的加工尺寸已从 1.2 m 缩小至 0.10 m，现在最先进的最小加工尺寸甚至达到 0.08 m。而这些 IC 制造机器由于其特殊的工艺要求，对现行的普通气动元件和流体元件，提出了适应其工艺需求的超高清洁度的特殊要求，这样用于 IC 机器的超高洁净系统的气动元件和精致元件也就应运而生了。而且随着 IC 行业的蓬勃发展，超高洁净气动系统和精致流体系统也随之发展，形成一种超纯气动和流体控制系统。

2. 气动技术在其他领域中的应用

（1）在运输工具上的应用。

火车、地铁、汽车、飞机等交通运输工具上广泛使用气动技术，如地铁、汽车的开关门，汽车的制动系统，高速列车轮轨间喷脂润滑系统，电力机车受电弓气控系统，高速列车主动悬挂系统，缆车弯道倾斜装置，轿车后盖支撑杆，螺旋桨由顶部空气喷嘴驱动的直升机等。

（2）在农牧业上的应用。

气动萝卜收割机，可以完成拔萝卜，对萝卜分类、计数和捆扎。在种植蔬菜等的温室中，用气动技术来驱动风扇、洒水、喷农药等作业。用气动喷嘴配合光电传感器来精选米粒、去除谷壳和次品米粒。还有，用气动机器人挤牛奶等。

（3）在医疗、保健、福利事业中的应用。

在人工呼吸器、人工心肺机、人工心脏等人工器官中，都直接或间接地将气动技术用于驱动和控制等。在疾病诊断方面，利用气动技术间接地测量血压、眼压等，避免直接接触人体器官造成伤害。气动按摩器用空气压力按摩手、脚等，对消除运动后的肌肉疲劳效果甚好。现已开发了用于残疾人或重病人的气动假腿、气动辅助椅子、气动护理机器人。柔性气动执行元件和小型压缩机的开发为气动技术在医疗护理和福利事业方面应用开拓了广阔前景。

（4）在体育、娱乐上的应用。

水深可调游泳池是通过升降池底来调节池中的水深，以适应不同的竞赛项目。采用气动系统升降池底，不会漏电，保证安全。气动跟踪摄像机系统设置在体育馆内，能自始至终地跟踪摄下运动员的运动全过程，与电动跟踪摄像机相比效果更好。在迪斯尼乐园等娱乐场所，有许多仿真人物、动物的模型，这些模型动作逼真，使游人有身临其境的感觉。它们都是由计算机控制的声像装置和液压、气动、电动装置的组合。

（5）在教育、培训中的应用。

中医大夫通过搭脉来诊断疾病，完全依靠个人经验，传授难度大。现开发了脉波模拟测试仪后，可将病人的脉搏记录下来，并通过电-气比例阀系统将电信号转换成空气压力，用空气压力变化再现脉搏于仿真手臂，这对加快提高搭脉医术有很大好处。飞机驾驶培训中所用的座椅，用若干台膜片气缸来模拟垂直或左右加速时身体下沉或摆动的情况，锻炼了飞行员在飞行时的适应能力。除以上领域外，气动技术还用于储仓中物品的进出、街道清扫、垃圾处理、环境清洁等方面。

9.3.2　气压传动的优点和缺点

1. 气压传动的优点

（1）以空气作为工作介质，取之不尽，处理方便，用过以后直接排入大气，不会污染环境，且可少设置或不必设置回气管道。

（2）空气的黏度很小，只有液压油的万分之一，流动阻力小，所以便于集中供气、中、远距离输送。

（3）气动控制动作迅速、反应快、维护简单、工作介质清洁，不存在介质变质和更换等问题。

（4）工作环境适应性好。无论是在易燃、易爆、多尘埃、辐射、强磁、振动、冲击等恶劣的环境中，气压传动系统工作安全可靠。

（5）气动元件结构简单，便于加工制造，使用寿命长，可靠性高。

2. 气压传动的缺点

（1）由于空气的可压缩性大，气压传动系统的速度稳定性差，给系统的速度和位置控制精度带来很大的影响。

（2）气压传动系统的噪声大，尤其是排气时，需要加消音器。

思考与练习

1. 简要叙述气压传动的工作原理。

2. 气压传动由哪几部分组成？试说明各部分的作用。

项目 10　气动元件

10.1　气源装置

气源装置为气动系统提供满足一定质量要求的压缩空气，是气动系统的重要组成部分。

10.1.1　气动系统对压缩空气的要求

气动系统对压缩空气的主要要求：具有一定压力和流量，并具有一定的净化程度。

10.1.2　气源装置的组成

气源装置由气压发生装置（空气压缩机）、压缩空气的净化装置和设备、管道系统、气动三大件四部分组成，如图 10-1 所示。

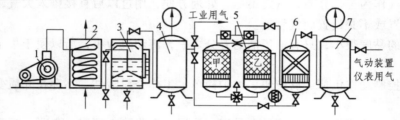

图 10-1　气源系统组成示意图

1—空气压缩机；2—后冷却器；3—油水分离器；4，7—储气罐；5—干燥器；6—过滤器

1. 气压发生装置

空气压缩机将机械能转化为气体的压力能，供气动机械使用。

（1）空气压缩机的分类：容积型和速度型。

常用往复式容积型压缩机，一般空压机为中压，额定排气压力为 1 MPa；低压空压机排气压力为 0.2 MPa；高压空压机排气压力为 10 MPa。

（2）空气压缩机的选用原则：依据气动系统所需要的工作压力和流量两个参数。

$$空压机输出流量 \ q_{Vn} = (q_{Vn0} + q_{Vn1}) / (0.7 \sim 0.8)$$

式中　q_{Vn0}——配管等处的泄漏量；

q_{Vn1}——工作元件的总流量。

2. 压缩空气的净化装置和设备

（1）气动系统对压缩空气质量的要求：压缩空气要具有一定压力和足够的流量，具有一定的净化程度。不同的气动元件对杂质颗粒的大小有具体的要求。混入压缩空气的油蒸气可能聚集在储气罐、管道等处形成易燃物，有引起爆炸的危险；另一方面润滑油被汽化后会形成一种有机酸，对金属设备有腐蚀生锈的作用，影响设备寿命。混在压缩空气中的杂质沉积在元件的通道内，减小了通道面积，增加了管道阻力，严重时会产生阻塞，使气体压力信号不能正常传递，使系统工作不稳定甚至失灵。压缩空气中含有的饱和水分，在一定条件下会凝结成水并聚集在个别管段内。在北方的冬天，凝结的水分会使管道及附件结冰而损坏，影响气动装置正常工作。压缩空气中的灰尘等杂质对运动部件会产生研磨作用，使这些元件因漏气增加而效率降低，影响它们的使用寿命。因此，必须要设置除油、除水、除尘装置，并使用使压缩空气干燥的提高压缩空气质量、进行气源净化处理的辅助设备。

（2）压缩空气净化设备。

一般包括后冷却器、油水分离器、储气罐、干燥器等。

① 后冷却器：将空气压缩机排出具有 140～170 ℃ 的压缩空气降至 40～50 ℃，压缩空气中的油雾和水汽亦凝析出来。冷却方式有水冷式和气冷式两种。

② 油水分离器：主要利用回转离心、撞击、水浴等方法使水滴、油滴及其他杂质颗粒从压缩空气中分离出来。

③ 储气罐的主要作用是储存一定数量的压缩空气，减少气流脉动，减弱气流脉动引起的管道振动，进一步分离压缩空气的水分和油分，如图 10-2 所示。

④ 干燥器的作用是进一步除去压缩空气中含有的水分、油分、颗粒杂质等，使压缩空气干燥，用于对气源质量要求较高的气动装置、气动仪表等，如图 10-3 所示。干燥器主要采用吸附、离心、机械降水及冷冻等方法。

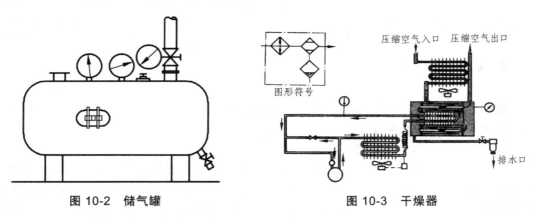

图 10-2　储气罐　　　　　　　　　　　　　图 10-3　干燥器

10.1.3　气动三大件

气动三大件：分水过滤器、减压阀、油雾器，是压缩空气质量的最后保证。

（1）分水过滤器的作用是除去空气中的灰尘、杂质，并将空气中的水分分离出来。

工作原理：回转离心、撞击。

性能指标：过滤度、水分离率、滤灰效率、流量特性。

（2）油雾器：特殊的注油装置。

工作原理：当压缩空气流过时，它将润滑油喷射成雾状，随压缩空气流入需要的润滑部件，达到润滑的目的。

性能指标：流量特性、起雾油量。

（3）减压阀：起减压和稳压作用。

气动三大件的安装连接次序：分水过滤器、减压阀、油雾器。多数情况下，三件组合使用，也可以少于三件，只用一件或两件。

10.2　气动执行元件

气动执行元件是将压缩空气的压力能转换为机械能的装置，包括气缸和气马达。实现直线运动和做功的是气缸；实现旋转运动和做功的是气马达。

10.2.1　气缸的分类及典型结构

1. 普通气缸

普通气缸如图 10-4 所示。

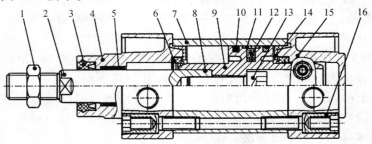

图 10-4　普通气缸

1—六角螺母；2—活塞杆；3—前盖防尘圈；4—前盖；5—含油轴承；6—缓冲密封圈；7—缸筒；8—V 形环；9—活塞；10—活塞密封圈；11—耐磨环；12—分开式磁铁；13—内六角圆柱头螺钉；14—缓冲垫；15—压盖；16—螺杆

2. 无活塞杆气缸

（1）无活塞杆气缸的组成。

如图 10-5 所示，无活塞杆气缸由缸筒 2，防尘和抗压密封件 7、4，无杆活塞 3，左右端盖 1，传动舌片 5，导架 6 等组成。

（2）无活塞杆气缸的原理。

铝制缸筒 2 沿轴向方向开槽，为防止内部压缩空气泄漏和外部杂物侵入，槽被内部抗压密封件 4 和外部防尘密封件 7 密封，塑料的内外密封件互相夹持固定着。无杆活塞 3 两端带有唇形密封圈，活塞两端分别进、排气，活塞将在缸筒内往复移动。通过缸筒槽的传动舌片 5，该运动被传递到承受负载的导架 6 上。此时，传动舌片将密封件 4、7 挤开，但它们在缸筒的两端仍然是互相夹持的。因此，传动舌片与导架组件在气缸上移动时无压缩空气泄漏。

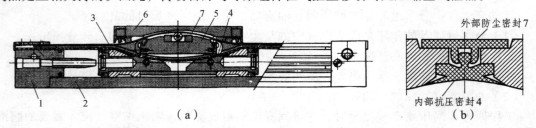

（a）　　　　　　　　　　　　　　　（b）

图 10-5　无活塞杆气缸

1—端盖；2—缸筒；3—无杆活塞；4—抗压密封件；5—传动舌片；6—导架；7—防尘密封件

3. 膜片式气缸

膜片式气缸是一种用压缩空气推动非金属膜片做往复运动的气缸，可以是单作用式，也可以是双作用式，适用于气动夹具、自动调节阀及短行程工作场合。

4．冲击气缸

冲击气缸是把压缩空气的压力能转换为活塞组件的动能，利用此动能去做功的执行元件。

气缸的速度在气缸活塞的运动过程中是变化的，通常说气缸速度是指活塞的平均速度。气缸的理论输出力的计算公式与液压缸相同。气缸实际所能输出的力受摩擦力的影响，其影响程度用气缸效率 η 表示，η 与缸径 D 和工作压力 p 有关，D 增大、p 提高，η 增大，气缸效率一般为 $0.7 \sim 0.95$。在研究气缸性能和确定缸径时，常用到负载率 β 的概念，定义 $\beta =$（气缸实际负载 F/气缸理论输出力 F_0）$\times 100\%$。β 的选取与气缸的负载性质及运动速度有关。气缸的耗气量指气缸在往复运动时所消耗的压缩空气量，其大小与气缸性能无关，是选择空压机排量的重要依据。

10.2.2　气马达

1．气马达的分类

气马达分为活塞式、叶片式和齿轮式。

2．气马达的特点

（1）可无级调速；

（2）可双向旋转；

（3）有过载保护作用，过载时转速降低或停转；

（4）具有较高的启动转矩，可直接带负载启动；

（5）输出功率相对较小，转速范围较宽；

（6）耗气量大，效率低，噪声大；

（7）工作可靠，操作方便。

10.3　气动控制元件

10.3.1　压力控制阀

减压阀：气动三大件之一，用于稳定用气压力。

溢流阀：只作安全阀用。

顺序阀：由于气缸（马达）的软特性，很难用顺序阀实现两个执行元件的顺序动作。

压力控制阀如表 10-1 所示。

表 10-1　压力控制阀

名　称	图形符号
减压阀	
溢流阀	
顺序阀	

10.3.2　流量控制阀

流量控制阀用于控制执行元件的运动速度，有节流阀、单向节流阀和排气节流阀，如表10-2所示。

表 10-2　流量控制阀

名　称	图形符号
节流阀	
单向节流阀	
排气节流阀	

10.3.3　方向控制阀

1. 换向阀

换向阀包括气压控制换向阀（加压控制、泄压控制、差压控制），电磁控制换向阀，电、气控制换向阀，机械控制换向阀，人力控制换向阀。

2. 单向阀

单向型控制阀有单向阀、梭阀、双压阀和快速排气阀等。

单向阀有两个通口，只允许气流沿一个方向流动，反方向则关闭。

梭阀相当于"或门"逻辑功能，具有两个入口和一个出口。当一个入口有输入时便有输出。

双压阀相当于"与门"逻辑功能，也具有两个入口和一个出口。当两个入口同时有气信号输入时，出口才有输出，双压阀主要应用于互锁回路中。

当入口压力下降到一定值时，出口有压气体自动从排气口迅速排气的阀，称为快速排气阀，也叫快排阀。使用快排阀只需较小的气管和气动元件就能实现所需要的速度，属于经济型回路。

10.4　气动辅助元件

10.4.1　消声器

气缸、气阀等工作时排气速度较高，气体体积急剧膨胀，会产生刺耳的噪声。噪声的强弱随排气的速度、排气量和空气通道的形状而变化。排气的速度和功率越大，噪声也越大，一般可达 100 ~ 120 dB。为了降低噪声，在排气口要装设消声器。

消声器是通过阻尼或增加排气面积来降低排气的速度和功率，从而降低噪声。

消声器的类型：吸收型、膨胀干涉型、膨胀干涉吸收型。

10.4.2 管道连接件

管道连接件包括管子和各种管接头。管子可分为硬管和软管。一些固定不动的、不需要经常装拆的地方使用硬管；连接运动部件、希望装拆方便的管路用软管。常用的连接管是紫铜管和尼龙管。

管接头分为卡套式、扩口螺纹式、卡箍式、插入快换式等。

10.5 真空元件

10.5.1 真空系统的组成

真空系统一般由真空发生器（真空压力源）、吸盘（执行元件）、真空阀（控制元件）、真空破坏阀及辅助元件（管件接头、过滤器和消声器等）组成。有些元件在正压系统和负压系统中是能通用的，如管件接头、过滤器、消声器以及部分控制元件。实际上，用真空发生器构成的真空回路，往往是正压系统的一部分，同时组成一个完整的气动系统。

图 10-6 所示为典型的吸盘真空回路，广泛用于轻工、食品、印刷、医疗、塑料制品以及自动搬运和机械手等各种机械中，如玻璃的搬运、装箱，机械手抓取工件，真空包装机械中包装纸的吸附、送标、贴标，包装袋的开启，精密零件的输送，塑料制品的真空成型，电子产品的加工、运输、装配等各种工序作业。

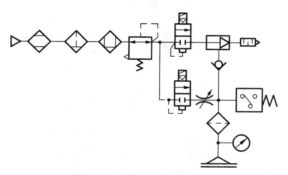

图 10-6 真空系统的组成

10.5.2 真空发生器

图 10-7 所示为真空发生器的工作原理图，它由工作喷嘴 1、接收室 2、混合室 3 和扩散室 4 组成。压缩空气通过收缩的喷嘴后，从喷嘴内喷射出来一束射流。射流能卷吸周围的静止流体和它一起向前流动，形成射流的卷吸作用。而自由射流在接收室内的流动，将限制射流与外界的接触，但从喷嘴流出的主射流还是要卷吸一部分周围的流体向前运动，于是在射流的周围形成一个低压区。接收室内的流体便被吸进来，与主射流混合后，经接收室另一端流出。这种利用一束高速流体将另一束流体（静止或低速流）吸进来，相互混合后一起流出的现象称为引射现象。若在喷嘴两端的压差达到一定值时，气流达到声速或亚声速流动，于是在喷嘴出口处，即接收室内可获得一定的负压。混合室的作用，首先是全部接收主射流和引射射流，使之混合并畅通流出，其次是使两束射流充满混合室，从而有效地阻止大气倒流影响负压。对于真空发生器，引射气流是有限的。若在引射通道接真

空吸盘，当吸盘与平板工件接触，只要将吸盘腔室内的气体抽吸完并达到一定的真空度，就可将平板吸持住。

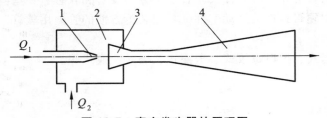

图 10-7　真空发生器的原理图
1—工作喷嘴；2—接收室；3—混合室；4—扩散室

图 10-8 所示是普通真空发生器的结构原理和图形符号。它由喷嘴 1、负压腔 2 和接收管 3 等组成。这种真空发生器具有结构简单、体积小、寿命长的特点。

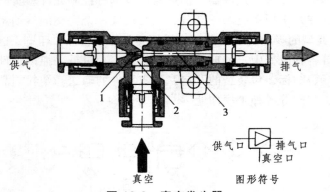

图 10-8　真空发生器
1—喷嘴；2—负压腔；3—接收管

图 10-9 所示是一种组合真空发生器。它由真空发生器、消声器、过滤器、压力开关和电磁阀等组成。进入真空发生器的压缩空气由内置电磁阀控制。电磁线圈通电，阀换向，从 1 口（进气口）流向 3 口（排气口）的压缩空气，按照文丘里原理产生真空；电磁线圈断电，真空消失，吸入的空气通过内置过滤器与压缩空气一起从排气口排出。内置消声器可减少噪声。真空开关用来控制真空度。

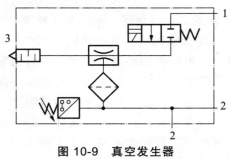

图 10-9　真空发生器

10.5.3　真空吸盘

真空吸盘是真空系统中的执行元件，用于将表面光滑且平整的工件吸起并保持住，柔软又有弹性的吸盘确保不会损坏工件，如图 10-10 所示。通常吸盘是由橡胶材料与金属骨架压制而成的。橡胶材料有丁腈橡胶、聚氨酯和硅橡胶等，其中硅橡胶吸盘用于食品工业。

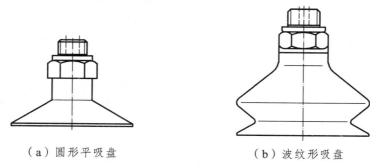

（a）圆形平吸盘　　　　　　　　（b）波纹形吸盘

图 10-10　真空吸盘

图 10-10（a）所示为圆形平吸盘，图 10-10（b）所示为波纹形吸盘。波纹形吸盘适应性更强，允许工件表面有轻微的不平、弯曲和倾斜，同时波纹形吸盘吸持工件在移动过程中有较好的缓冲性能。无论是圆形平吸盘，还是波纹形吸盘，在大直径吸盘结构上都增加了一个金属圆盘，用以增加强度。

思考与练习

1. 气源装置包含哪些设备？各部分的作用是什么？
2. 什么是气动三大件？每个元件起什么作用？
3. 气动系统对压缩空气有哪些质量要求？气源装置一般由哪几部分组成？
4. 空气压缩机在使用中要注意哪些事项？

项目 11　气动基本回路

　　工程上，气动系统回路图是以气动元件职能符号组合而成的，故读者应对前述所有气动元件的功能、符号与特性熟悉和了解。

　　以气动符号所绘制的回路图可分为定位和不定位两种表示法。定位回路图是以系统中元件实际的安装位置绘制的，如图 11-1 所示。这种方法使工程技术人员容易看出阀的安装位置，便于维修和保养。

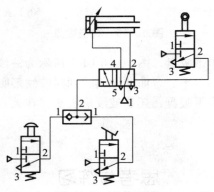

图 11-1　定位回路

　　不定位回路图不是按元件的实际位置绘制的，而是根据信号流动方向，从下向上绘制的，各元件按其功能分类排列，顺序依次为气源系统、信号输入元件、信号处理元件、控制元件、执行元件，如图 11-2 所示。本项目主要使用此种回路表示法。

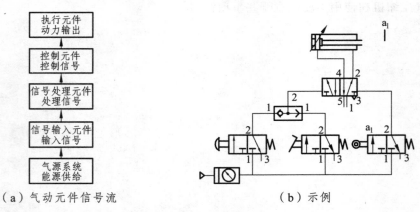

（a）气动元件信号流　　　　　　　　　　　（b）示例

图 11-2　不定位回路

　　为分清气动元件与气动回路的对应关系，图 11-3 和图 11-4 分别给出全气动系统和电-气动系统的控制链中信号流和元件之间的对应关系。掌握这一点对于分析和设计气动程序制系统非常重要。

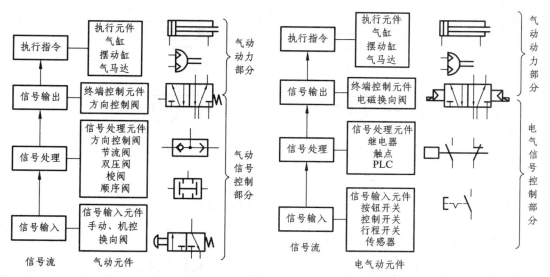

图 11-3　全气动系统中信号流和气动元件的关系　　图 11-4　电-气动系统中信号流和元件的关系

11.1　方向控制回路

11.1.1　单作用气缸换向回路

　　控制单作用气缸的前进、后退必须采用二位三通阀。如图 11-5 所示为单作用气缸控制回路。按下按钮，压缩空气从 1 口流向 2 口，活塞伸出，3 口遮断，单作用气缸活塞杆伸出；放开按钮，阀内弹簧复位，缸内压缩空气由 2 口流向 3 口排放，1 口被遮断，气缸活塞杆在复位弹簧作用下立即缩回。

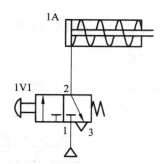

图 11-5　单作用气缸控制回路

11.1.2　双作用气缸换向回路

　　控制双作用气缸的前进、后退可以采用二位四通阀，如图 11-6（a）所示，或采用二位五通阀，如图 11-6（b）所示。按下按钮，压缩空气从 1 口流向 4 口，同时 2 口流向 3 口排气，活塞杆伸出。放开按钮，阀内弹簧复位，压缩空气由 1 口流向 2 口，同时 4 口流向 3 口或 5 口排放，气缸活塞杆缩回。

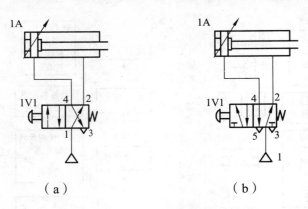

（a）　　　　　　　　　（b）

图 11-6　双作用气缸控制回路

11.1.3　利用梭阀的方向控制回路

如图 11-7 所示为利用梭阀的控制回路，回路中的梭阀相当于实现"或门"逻辑功能的阀。在气动控制系统中，有时需要在不同地点操作单作用缸或实施手动/自动并用操作回路。

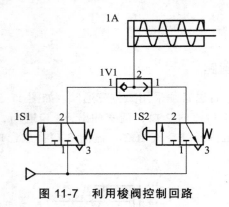

图 11-7　利用梭阀控制回路

11.1.4　利用双压阀的方向控制回路

如图 11-8 所示为利用双压阀的控制回路。在该回路中，需要两个二位三通阀同时动作才能使单作用气缸前进，实现"与门"逻辑控制。

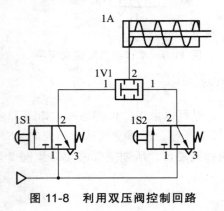

图 11-8　利用双压阀控制回路

11.2 压力控制回路

11.2.1 压力控制的单往复回路

如图 11-9 所示为压力控制的单往复回路。按下按钮阀 1S1，主控阀 1V1 换向，活塞前进，当活塞腔气压达到顺序阀的调定压力时，打开顺序阀 1V2，使主阀 1V1 换向，气缸后退，完成一次循环。但应注意：活塞的后退取决于顺序阀的调定压力，如活塞在前进途中碰到负荷也会产生后退动作，也即无法保证活塞一定能够到达端点。此类控制只能用在无重大安全要求的场合。

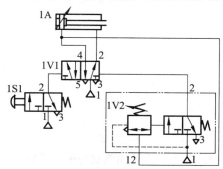

图 11-9 利用顺序阀的压力控制往复回路

11.2.2 带行程检测的压力控制回路

如图 11-10 所示为带行程检测的压力控制回路。按下按钮阀 1S1，主控阀 1V1 换向，活塞前进，当活塞杆碰到行程阀 1S2 时，若活塞腔气压达到顺序阀的调定压力，则打开顺序阀 1V2，压缩空气经过顺序阀 1V2、行程阀 1S2 使主阀 1V1 复位，活塞后退。这种控制回路可以保证活塞到达行程终点，且只有当活塞腔压力达到预定压力值时，活塞才后退。

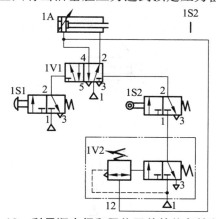

图 11-10 利用顺序阀和限位开关的往复控制回路

气压基本回路中还有增压回路、延时回路、安全保护回路等，不再一一举例。

11.3 速度控制回路

11.3.1 单作用气缸的速度控制回路

如图 11-11 所示为利用单向节流阀控制单作用气缸活塞速度的回路。单作用气缸前进速度的控制只能用入口节流方式，如图 11-11（a）所示。单作用气缸后退速度的控制只能用出口节流方式，如图 11-11（b）所示。如果单作用气缸前进及后退速度都需要控制，则可以同时采用两个节流阀控制，如图 11-11（c）所示。活塞前进时由节流阀 1V1 控制速度，活塞后退时由节流阀 1V2 控制速度。

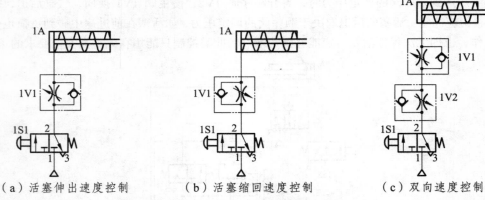

（a）活塞伸出速度控制　　　　（b）活塞缩回速度控制　　　　（c）双向速度控制

图 11-11　单作用气缸的速度控制

11.3.2　双作用气缸的速度控制回路

如图 11-12 所示为双作用气缸的速度控制回路。如图 11-12（a）所示的使用二位四通阀的回路，必须采用单向节流阀实现速度控制。一般将带有旋转接头的单向节流阀直接拧在气缸的气口上来实现排气节流，安装使用方便。如图 11-12（b）所示，在二位五通阀的排气口上安装了排气消声节流阀，以调节节流阀开口度，实现气缸背压的排气控制，完成气缸往复速度的调节。使用如图 11-12（b）所示的速度控制方法时应注意：换向阀的排气口必须有安装排气消声节流阀的螺纹口，否则不能选用。图 11-12（c）是用单向节流阀来实现进气节流的速度控制。

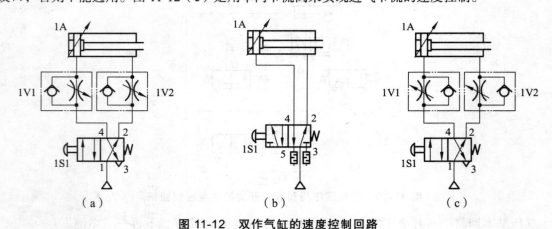

（a）　　　　　　　　　　（b）　　　　　　　　　　（c）

图 11-12　双作气缸的速度控制回路

11.4　其他回路

11.4.1　安全保护回路

双手保护回路：只有同时按下两个启动用手动换向阀，气缸才动作，对操作人员的手起到安全保护作用。该回路应用在冲床、锻压机床上，如图 11-13 所示。

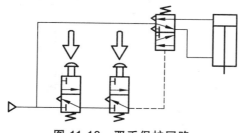

图 11-13　双手保护回路

互锁回路：该回路利用梭阀 1、2、3 和换向阀 4、5、6 实现互锁，防止各缸活塞同时动作，保证只有一个活塞动作，如图 11-14 所示。

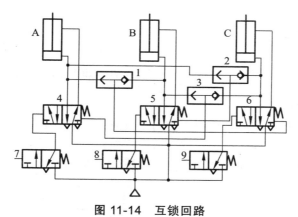

图 11-14　互锁回路

1，2，3—梭阀；4，5，6，7，8，9—换向阀

11.4.2　同步动作回路

1. 简单的同步回路

采用刚性零件把两尺寸相同的气缸的活塞杆连接起来，如图 11-15 所示。

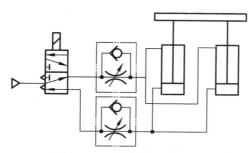

图 11-15　简单的同步回路

2. 采用气液组合缸的同步回路

利用两液压缸油路串联，来保证在负载 F_1、F_2 不相等时也能使工作台上下运动同步，如图 11-16 所示。蓄能器用于换向阀处于中位时为液压缸补充泄漏。

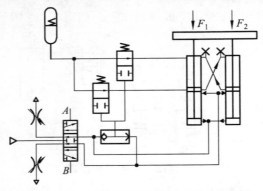

图 11-16　采用气液组合缸的同步回路

11.4.3　往复动作回路

1. 单往复动作回路

按下手动阀，二位五通换向阀处于左位，气缸外伸；当活塞杆挡块压下机动阀后，二位五通换向阀换至右位，气缸缩回，完成一次往复运动，如图 11-17 所示。

2. 连续往复动作回路

手动阀 1 换向，高压气体经行程阀 3 使阀 2 换向，气缸活塞杆外伸，行程阀 3 复位，活塞杆挡块压下行程阀 4 时，阀 2 换至左位，活塞杆缩回，行程阀 4 复位，当活塞杆缩回压下行程阀 3 时，阀 2 再次换向，如此循环往复，如图 11-18 所示。

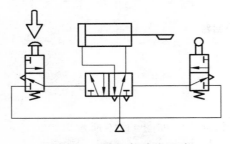

图 11-17　单往复动作回路

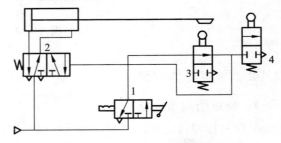

图 11-18　连续往复动作回路

1—手动阀；2—液控换向阀；3，4—行程阀

思考与练习

1. 气动系统中常用的压力控制回路有哪些？
2. 延时回路相当于电气元件中的什么元件？
3. 为何安全回路中，都不可缺少过滤装置和油雾器？
4. 比较双作用缸的节流供气和节流排气两种调速方式的优缺点和应用场合。

项目 12　常见气压传动系统及故障分析

气压传动技术应用相当普遍。在现代化工业生产中，气压传动以其独有的特点越来越广泛地应用于各类机械设备的运动传递和控制中。许多机器设备中装有气压传动系统，在工业各领域，如机械、电子、钢铁、运输车辆及制造、橡胶、纺织、化工、食品、包装、印刷和烟草领域等，气压传动技术已成为基本组成部分。在尖端技术领域，如核工业和宇航中，气压传动技术也占据着重要的地位。

12.1　气压系统的使用与维护

在气动系统设备使用中，如果不注意维护保养工作，可能会频繁发生故障和元件过早损坏，装置的使用寿命就会大大降低，造成经济损失，因此必须给予足够的重视。在对气动装置进行维护保养时，要有针对性，及时发现问题，采取措施，这样可减少和防止大故障的发生，延长元件和系统的使用寿命。要使气动设备能按预定的要求工作，维护工作必须做到：保证供给气动系统的压缩空气足够清洁干燥；保证气动系统的气密性良好；保证润滑元件得到良好的润滑；保证气动元件和系统的正常工作条件（如使用气压、电压等参数在规定范围内）。维护工作可以分为日常性维护工作和定期维护工作。前者是指每天必须进行的维护工作，后者可以是每周、每月或每季度进行的维护工作。维护工作应记录在案，便于今后故障诊断和处理。工厂企业应制定气动设备的维护保养管理规范，严格管理。

12.1.1　气压系统使用的注意事项

（1）开车前后要放掉系统中的冷凝水。

（2）定期给油雾器注油。

（3）开车前后检查各调节手柄是否在正确的位置，机控阀、行程开关、挡块的位置是否正确、牢固；对导轨、活塞杆等外露部分的配合表面进行擦拭。

（4）随时注意压缩空气的清洁度，对空气过滤器的滤芯要定期清洗。

（5）设备长期不用时，应将各手柄放松，防止弹簧永久变形而影响元件的调节性能。

12.1.2　气动系统的日常性维护工作

日常维护工作的主要任务是冷凝水排放、检查润滑油和空压机系统的管理。

1. 冷凝水排放的管理

压缩空气中的冷凝水会使管道和元件锈蚀，防止冷凝水侵入压缩空气的方法是及时排除系统各处积存的冷凝水。冷凝水排放涉及从空压机、后冷却器、储气罐、管道系统直到各处空气过滤器、干燥器和自动排水器等整个气动系统。在工作结束时，应当将各处冷凝水排放掉，以防夜间温度低于 0 ℃，导致冷凝水结冰。由于夜间管道内温度下降，会进一步析出冷凝水，在每天设备运转前，也应将冷凝水排出。经常检查自动排水器、干燥器是否正常工作，定期清洗分水滤气器、自动排水器。

2. 系统润滑的管理

气动系统中从控制元件到执行元件凡有相对运动的表面都需要润滑。如果润滑不足，会使摩擦阻力增大，导致元件动作不良，因密封面磨损会引起泄漏。在气动装置运转时，应检查油雾器的滴油量是否符合要求，油色是否正常。如发现油杯中油量没有减少，应及时调整滴油量；调节无效时，需检修或更换油雾器。

3. 空压机系统的日常管理

检查空压机有无异常声音和异常发热，润滑油位是否正常。检查空压机系统中的水冷式后冷却器供给的冷却水是否足够。

4. 气动系统的定期维护工作

定期维护工作的主要内容是漏气检查和油雾器管理。

（1）检查系统各泄漏处。因泄漏引起的压缩空气损失会造成很大的经济损失。此项检查至少应每月一次，任何存在泄漏的地方都应立即进行修补。漏气检查应在白天车间休息的空闲时间或下班后进行。这时，气动装置已停止工作，车间内噪声小，但管道内还有一定的空气压力，根据漏气的声音便可知何处存在泄漏。检查漏气时还应采用在各检查点涂肥皂液等办法，因其显示漏气的效果比听声音更灵敏。

（2）通过对方向阀排气口的检查，判断润滑油是否适度，空气中是否有冷凝水。如润滑不良，检查油雾器滴油是否正常，安装位置是否恰当；如有大量冷凝水排出，检查排除冷凝水的装置是否合适，过滤器的安装位置是否恰当。

（3）检查安全阀、紧急安全开关动作是否可靠。定期检修时必须确认它们的动作可靠性，以确保设备和人身安全。

（4）观察方向阀的动作是否可靠。检查阀芯或密封件是否磨损（如方向阀排气口关闭时仍有泄漏，往往是磨损的初期阶段），查明后更换。让电磁阀反复切换，从切换声音可判断阀的工作是否正常。

（5）反复开关换向阀观察气缸动作，判断活塞密封是否良好；检查活塞杆外露部分，观察活塞杆是否被划伤、腐蚀和存在偏磨；判断活塞杆与端盖内的导向套和密封圈的接触情况、压缩空气的处理质量，检查气缸是否存在横向载荷等；判断缸盖配合处是否有泄漏。

（6）对于行程阀、行程开关以及行程挡块，都要定期检查安装的牢固程度，以免出现动作混乱。

上述定期检修的结果应记录下来，作为系统出现故障查找原因和设备大修时的参考。

5. 气动系统维护的要点

（1）保证供给洁净的压缩空气。压缩空气中通常都含有水分、油分和粉尘等杂质。水分会使管道、阀和气缸腐蚀；油分会使橡胶、塑料和密封材料变质；粉尘会造成阀体动作失灵。选用合适的过滤器，可以清除压缩空气中的杂质，使用过滤器时应及时排除积存的液体；否则当积存液体接近挡水板时，气流仍可将积存物卷起。

（2）保证空气中含有适量的润滑油。大多数气动执行元件和控制元件都要求适度的润滑。如果润滑不良将会发生以下故障：① 由于摩擦阻力增大而造成气缸推力不足，阀芯动作失灵；② 由于密封材料的磨损而造成空气泄漏；③ 由于生锈造成元件的损伤及动作失灵。润滑的方法一般采用油雾器进行喷雾润滑，油雾器一般安装在过滤器和减压阀之后。油雾器的供油量一般不宜过多，通常每 10 m³ 的自由空气供 l mL 的油量（即 40 ~ 50 滴油）。检查润滑是否良好的一个方法是：找一张清洁的白纸放在换向阀的排气口附近，如果阀在工作 3 ~ 4 个循环后，白纸上只有很轻的斑点时，则表明润滑是良好的。

（3）保持气动系统的密封性。漏气不仅增加了能量的消耗，也会导致供气压力的下降，甚至造成气动元件工作失常。严重的漏气在气动系统停止运行时，由漏气引起的响声很容易发现；轻微的漏气则利用仪表，或用涂抹肥皂水的办法进行检查。

（4）保证气动元件中运动零件的灵敏性。从空气压缩机排出的压缩空气，包含有粒度为 0.01 ~ 0.08 μm 的压缩机油微粒，在排气温度为 120 ~ 220 ℃ 的高温下，这些油粒会迅速氧化，氧化后油粒颜色变深，黏性增大，并逐步由液态固化成油泥。这种微米级以下的颗粒，一般过滤器无法滤除。当它们进入到换向阀后便附着在阀芯上，使阀的灵敏度逐步降低，甚至出现动作失灵。为了清除油泥，保证灵敏度，可在气动系统的过滤器之后，安装油雾分离器，将油泥分离出来。此外，定期清洗阀也可以保证阀的灵敏度。

（5）保证气动装置具有合适的工作压力和运动速度。调节工作压力时，压力表应当工作可靠，读数准确。减压阀与节流阀调节好后，必须紧固调压阀盖或锁紧螺母，防止松动。

6. 气动元件的点检内容

气缸的检测：活塞杆与端面之间是否漏气；活塞杆是否划伤、变形；管接头、配管是否划伤、损坏；气缸动作时有无异常声音；缓冲效果是否合乎要求。

电磁阀的检测：电磁阀外壳温度是否过高；电磁阀动作时，工作是否正常；气缸行程到末端时，通过检查阀的排气口是否有漏气来确诊电磁阀是否漏气；紧固螺栓及管接头是否松动；电压是否正常，电线是否损伤；通过检查排气口是否被油润湿，或排气是否会在白纸上留下油雾斑点来判断润滑是否正常。

油雾器的检测：油杯内油量是否足够；润滑油是否变色、混浊；油杯底部是否沉积有灰尘和水；滴油量是否合适。

调压阀的检测：压力表读数是否在规定范围内；调压阀盖或锁紧螺母是否锁紧；有无漏气现象。

过滤器的检测：储水杯中是否积存冷凝水；滤芯是否应该清洗或更换；冷凝水排放阀动作是否可靠。

安全阀及压力继电器的检测：在调定压力下动作是否可靠；校验合格后，是否有铅封或锁紧；电线是否损伤，绝缘是否可靠。

12.2 系统常见故障

12.2.1 气源故障

气源的常见故障：空压机故障、减压阀故障、管路故障、压缩空气处理组件故障等。

1. 空压机故障

止逆阀损坏，活塞环磨损严重，进气阀片损坏和空气过滤器堵塞等。若要判断止逆阀是否损坏，只需在空压机自动停机十几秒后，将电源关掉，用手盘动胶带轮，如果能较轻松地转动一周，则表明止逆阀未损坏；反之，止逆阀已损坏。另外，也可从自动压力开关下面的排气口的排气情况来进行判断，一般在空压机自动停机后应在十几秒后就停止排气，如果一直在排气直至空压机再次启动时才停止，则说明止逆阀已损坏，须更换。当空压机的压力上升缓慢并伴有窜油现象时，表明空压机的活塞环已严重磨损，应及时更换。当进气阀片损坏或空气过滤器堵塞时，也会使空压机的压力上升缓慢（但没有窜油现象）。检查时，可将手掌放至空气过滤器的进气口上，如果有热气向外顶，则说明进气阀处已损坏，须更换；如果吸力较小，一般是空气过滤器较脏所致，应清洗或更换过滤器。

2．减压阀的故障

压力调不高，或压力上升缓慢等。压力调不高，往往是因调压弹簧断裂或膜片破裂而造成的，必须更换；压力上升缓慢，一般是因过滤网被堵塞引起的，应拆下清洗。

3．管路故障

管路接头处泄漏、软管破裂、冷凝水聚集等。管路接头泄漏和软管破裂时可从声音上来判断漏气的部位，应及时修补或更换；若管路中聚积有冷凝水时，应及时排掉，否则在北方的冬季冷凝水易结冰而堵塞气路。

4．压缩空气处理组件（三联体）的故障

油水分离器故障，调压阀和油雾器故障。油水分离器的故障中又分滤芯堵塞、破损，排污阀的运动部件动作不灵活等情况。工作中要经常清洗滤芯，除去排污器内的油污和杂质。

5．调压阀的故障

与上述减压阀的故障相同。

6．油雾器的故障现象

不滴油，油杯底部沉积有水分，油杯口的密封圈损坏等。当油雾器不滴油时，应检查进气口的气流量是否低于起雾流量，是否漏气，油量调节针阀是否堵塞等。如果油杯底部沉积了水分，应及时排除。当密封圈损坏时，应及时更换。

12.2.2 气动执行元件（气缸）故障

由于气缸装配不当和长期使用，气动执行元件（气缸）易发生内外泄漏、输出力不足和动作不平稳、缓冲效果不良、活塞杆和缸盖损坏等故障现象。

（1）气缸出现内外泄漏。一般是因活塞杆安装偏心，润滑油供应不足，密封圈和密封环磨损或损坏，气缸内有杂质及活塞杆有伤痕等造成的。所以，当气缸出现内外泄漏时，应重新调整活塞杆的中心，以保证活塞杆与缸筒的同轴度；须经常检查油雾器工作是否可靠，以保证执行元件润滑良好；当密封圈和密封环出现磨损或损坏时，须及时更换；若气缸内存在杂质，应及时清除；活塞杆上有伤痕时，应更换。

（2）气缸的输出力不足和动作不平稳。一般是因活塞或活塞杆被卡住，润滑不良，供气量不足，或缸内有冷凝水和杂质等原因造成的。对此，应调整活塞杆的中心；检查滤油器的工作是否可靠；供气管路是否被堵塞。当气缸内存有冷凝水和杂质时，应及时清除。

（3）气缸的缓冲效果不良。一般是因缓冲密封圈磨损或调节螺钉损坏所致。此时，应更换密封圈和调节螺钉。

（4）气缸的活塞杆和缸盖损坏。一般是因活塞杆安装偏心或缓冲机构不起作用而造成的。对此，应调整活塞杆的中心位置，更换缓冲密封圈或调节螺钉。

12.2.3　换向阀故障

换向阀的故障有：阀不能换向或换向动作缓慢、气体泄漏、电磁先导阀有故障等。

（1）换向阀不能换向或换向动作缓慢。一般是因润滑不良、弹簧被卡住或损坏、油污或杂质卡住滑动部分等原因引起的。对此，应先检查油雾器的工作是否正常；润滑油的黏度是否合适。必要时，应更换润滑油，清洗换向阀的滑动部分，或更换弹簧和换向阀。

（2）换向阀经长时间使用后易出现阀芯密封圈磨损、阀杆和阀座损伤的现象，导致阀内气体泄漏，阀的动作缓慢或不能正常换向等故障。此时，应更换密封圈、阀杆和阀座，或将换向阀更换。

（3）若电磁先导阀的进、排气孔被油泥等杂物堵塞，封闭不严，活动铁心被卡死，电路有故障等，均可导致换向阀不能正常换向。

（4）对前 3 种情况应清洗先导阀及活动铁心上的油泥和杂质。而电路故障一般又分为控制电路故障和电磁线圈故障两类。在检查电路故障前，应先将换向阀的手动旋钮转动几下，查看换向阀在额定的气压下是否能正常换向，若能正常换向，则是电路发生故障。检查时，可用仪表测量电磁线圈的电压，查看是否达到了额定电压，如果电压过低，应进一步检查控制电路中的电源和相关联的行程开关电路。如果在额定电压下换向阀不能正常换向，则应检查电磁线圈的接头（插头）是否松动或接触不良。方法为：拔下插头，测量线圈的阻值（一般应在几百欧姆至几千欧姆之间），如果阻值太大或太小，说明电磁线圈已损坏，应及时更换。

12.2.4　气动辅助元件故障

气动输助元件的故障主要有：油雾器故障、自动排污器故障、消声器故障等。

（1）油雾器的故障有：调节针的调节量太小、油路堵塞、管路漏气等都会使液态油滴不能雾化。对此，应及时处理堵塞和漏气的地方，调整滴油量，使其达到每分钟 5 滴左右。正常使用时，油杯内的油面要保持在上、下限范围之内。对油杯底都沉积的水分，应及时排除。

（2）自动排污器内的油污和水分有时不能自动排除，特别是在冬季温度较低的情况下尤为严重。此时，应将其拆下并进行检查和清洗。

（3）当换向阀上装的消声器太脏或被堵塞时，也会影响换向阀的灵敏度和换向时间，故要经常清洗消声器。

12.2.5　机械故障

常见的机械故障有：由气缸带动的料门轴被卡死；由齿轮条式气缸带动的翻板碟阀被卡住，使之关合不到位或打不开。一般在水泥计量料斗上的放料口常会出现这样的问题，所以工作中应经常清除翻板碟阀内壁上的水泥结块。

思考与练习

1. 压缩空气的污染主要来源是什么?
2. 气动系统的大修间隔期为多少时间? 其主要内容是什么?
3. 气动系统的故障诊断方法有哪些?

参考文献

[1] 李海金. 液压与气动技术[M]. 北京：北京航空航天大学出版社，2008.

[2] 袁承训. 液压与气压传动[M]. 2 版. 北京：机械工业出版社，2001.

[3] 张利平. 液压气动技术速查手册[M]. 北京：化学工业出版社，2006.

[4] 张宏友. 液压与气动技术[M]. 4 版. 大连：大连理工大学出版社，2014.

[5] 姜佩东. 液压与气动技术[M]. 北京：高等教育出版社，2000.

[6] 陈立群. 液压传动与气动技术[M]. 北京：中国劳动和社会保障出版社，2006.

[7] 张林. 液压与气压传动技术[M]. 北京：人民邮电出版社，2008.

[8] 李新德. 液压与气动技术[M]. 北京：中国商业出版社，2006.

[9] 陈淑梅. 液压与气压传动[M]. 北京：机械工业出版社，2008.

[10] 陆鑫盛，周洪. 气动自动化系统的优化设计[M]. 上海：上海科学技术文献出版社，2000.

[11] SMC（中国）有限公司. 现代实用气动技术[M]. 3 版. 北京：机械工业出版社，2008.

[12] 路甬祥. 液压气动技术手册[M]. 北京：机械工业出版社，2002.

[13] 刘延俊. 液压与气压传动[M]. 2 版. 北京：机械工业出版社，2004.

[14] 刘延俊. 液压系统使用与维修[M]. 北京：化学工业出版社，2006.

[15] 王守城，段俊勇. 液压元件及选用[M]. 北京：化学工业出版社，2007.

[16] 中国机械工程学会设备与维修工程分会《机械设备维修问答丛书》编委会. 液压与气动设备维修问答[M]. 北京：机械工业出版社，2004.

[17] 左健民. 液压与气压传动[M]. 3 版. 北京：机械工业出版社，2005.

附　录

附录 A　液压图形符号（摘自 GB/T 786.1—2009）

1. 管路与连接（见表 1）

表 1　管路与连接

名　称	符　号	名　称	符　号
工作管路	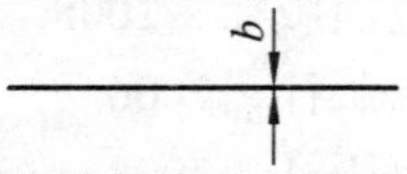	柔性管路	
控制管路	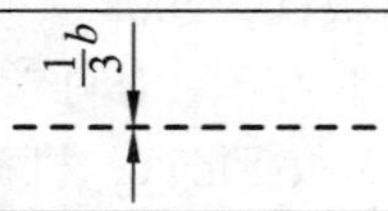	管口在液面以上的油箱	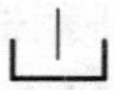
连接管路	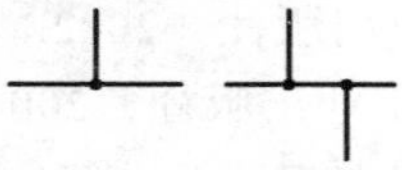	管口在液面以下的油箱	
交叉管路	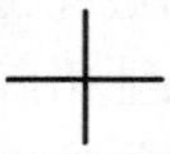	单通路旋转接头	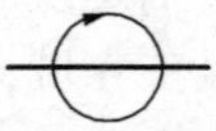

2. 控制方式（见表 2）

表 2　控制方式

名　称	符　号	名　称	符　号
按钮式人力控制	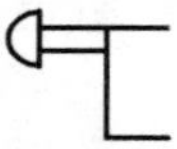	顶杆式机械控制	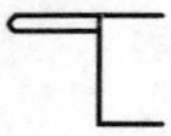
手柄式人力控制		弹簧控制	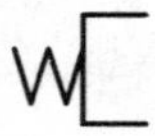
踏板式人力控制	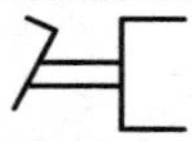	滚轮式机械控制	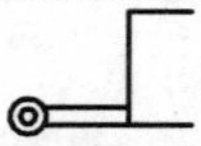
单向滚轮式机械控制	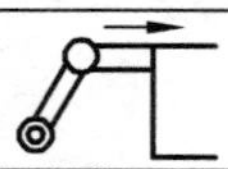	单作用电磁控制	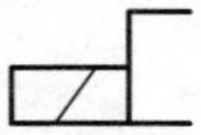
双作用电磁控制	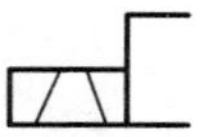	液压先导控制	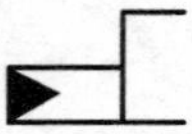
加压或泄压控制	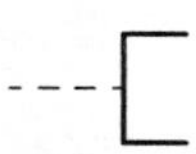	气液先导控制	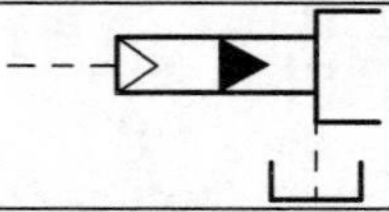

续表

名 称	符 号	名 称	符 号
差动控制	–2 1–	电-液先导控制	
内部压力控制	45°	液压先导泄压控制	
外部压力控制		电反馈控制	

3. 泵、马达与油缸（见表3）

表 3 泵、马达与油缸

名 称	符 号	名 称	符 号
单向定量液压泵		单向变量液压泵	
双向定量液压泵		双向变量液压泵	
单向定量马达		单向变量马达	
双向定量马达		双向变量马达	
摆动马达		不可调单向缓冲缸	
单作用弹簧复位缸		可调双向缓冲缸	
双作用单活塞杆缸		气-液转换器	
双作用双活塞杆缸		增压器	

4. 控制元件（见表 4）

表 4　控制元件

名　称	符　号	名　称	符　号
直动型溢流阀		先导型比例电磁溢流阀	
先导型溢流阀		双向溢流阀	
直动型减压阀		溢流减压阀	
先导型减压阀		定差减压阀	
直动型顺序阀		液控单向阀	
先导型顺序阀		二位二通换向阀	
直动型卸荷阀		二位三通换向阀	
可调节流阀		二位四通换向阀	
不可调节流阀		二位五通换向阀	
调速阀		三位四通换向阀	
温度补偿调速阀		三位五通换向阀	
分流阀		三位六通换向阀	
单向阀		四通电液伺服阀	

5. 辅助元件（见表 5）

表 5　辅助元件

名　称	符　号	名　称	符　号
过滤器		原动机	
污染指示过滤器		压力计	
分水排水器		液面计	
空气过滤器		流量计	
加热器		消声器	
蓄能器		报警器	
液压源		压力继电器	
电动机			

附录 B 气动图形符号（摘自 GB/T 786.1—2009）

1. 管路与连接（见表 1）

表 1 管路与连接

名　称	符　号	名　称	符　号
直接排气口		带单向阀快换接头	
带连接排气口		不带单向阀快换接头	

2. 控制方式（见表 2）

表 2 控制方式

名　称	符　号	名　称	符　号
气压先导控制		电-气先导控制	

3. 泵、马达与气缸（见表 3）

表 3 泵、马达与气缸

名　称	符　号	名　称	符　号
单向定量马达		双向变量马达	
双向定量马达		摆动马达	

4. 控制元件（见表 4）

表 4 控制元件

名　称	符　号	名　称	符　号
直动型溢流阀		带消声器的节流阀	
先导型溢流阀		或门型梭阀	

名　称	符　号	名　称	符　号
先导型减压阀		与门型梭阀	
溢流减压阀		快速排气阀	

5. 辅助元件（见表 5）

表 5　辅助元件

名　称	符　号	名　称	符　号
分水排水器		冷却器	
空气过滤器		气罐	
空气干燥器		气压源	
油雾器			